| 新型工业化丛书 |

数据基础制度

夯实数据要素市场根基

吴志刚　闫晓丽　高婴劢　等　著

电子工业出版社·

Publishing House of Electronics Industry

北京·BEIJING

内 容 简 介

数据作为新型生产要素，是数字化转型和推动新质生产力发展的基础。数据基础制度事关国家发展和安全大局。加快数据基础制度建设是大势所趋和创新所需。本书以数据要素市场体系作为数据基础制度研究的逻辑起点，从数据产权、流通交易、收益分配、安全治理等重点领域开展研究，分析数据基础制度建设的解决策略，并提出构建体现数据多方共有、资源多方共用、成果多方共享、风险多方共担的数据产权制度体系；构建"三横三纵"的数据流通和交易制度体系；构建与完善数据要素收益初次分配制度和科学再分配制度体系；围绕数据要素市场主体、数据、行为、基础设施四大核心要素构建数据要素安全治理制度体系框架。最后，提出由国家、地方、行业、社会等四类制定主体，围绕顶层架构、数据产权、流通交易、收益分配、安全治理五个重点领域，从政策规划、法律法规、管理规则、标准规范四个制度类别构建新时代具有中国特色的数据基础制度体系。

图书在版编目（CIP）数据

数据基础制度 ： 夯实数据要素市场根基 / 吴志刚等著. -- 北京 ： 电子工业出版社，2024. 11. --（新型工业化丛书）. -- ISBN 978-7-121-48536-7

Ⅰ．TP274

中国国家版本馆 CIP 数据核字第 2024V7Z224 号

责任编辑：刘家彤
印　　刷：三河市鑫金马印装有限公司
装　　订：三河市鑫金马印装有限公司
出版发行：电子工业出版社
　　　　　北京市海淀区万寿路 173 信箱　　　邮编：100036
开　　本：720×1000　　1/16　　印张：11.5　　字数：257 千字
版　　次：2024 年 11 月第 1 版
印　　次：2025 年 4 月第 2 次印刷
定　　价：69.00 元

凡所购买电子工业出版社图书有缺损问题，请向购买书店调换。若书店售缺，请与本社发行部联系，联系及邮购电话：（010）88254888，88258888。

质量投诉请发邮件至 zlts@phei.com.cn，盗版侵权举报请发邮件到 dbqq@phei.com.cn。

本书咨询联系方式：liujt@phei.com.cn，（010）88254504。

新型工业化丛书

编 委 会

主　编：张　立

副主编：刘文强　许百涛　胡国栋　乔　标　张小燕
　　　　朱　敏　秦海林　李宏伟

编　委：王　乐　杨柯巍　关　兵　何　颖　温晓君
　　　　潘　文　吴志刚　曹茜芮　郭　雯　梁一新
　　　　代晓霞　张金颖　贾子君　闫晓丽　高婴劢
　　　　王高翔　郭士伊　鲁金萍　陈　娟　于　娟
　　　　韩　力　王舒磊　徐子凡　张玉燕　张　朝
　　　　黎文娟　李　陈　马泽洋

序言
Foreword

工业化推动了人类社会的巨大进步，也深刻改变着中国。新时代新征程，以中国式现代化全面推进强国建设、民族复兴伟业，实现新型工业化是关键任务。党的十八大以来，习近平总书记就推进新型工业化的一系列重大理论和实践问题作出重要论述，提出一系列新思想新观点新论断，极大丰富和发展了我们党对工业化的规律性认识，为推进新型工业化提供了根本遵循和行动指南。2023 年 9 月 22 日，党中央召开全国新型工业化推进大会，吹响了加快推进新型工业化的号角。

实现工业化是世界各国人民的期盼和梦想。18 世纪中后期，英国率先爆发工业革命，从而一跃成为世界强国。19 世纪末，德国、美国抓住第二次工业革命的机遇，也先后实现了工业化。世界近现代史反复证明，工业化是走向现代化的必经之路。习近平总书记强调，工业化是一个国家经济发展的必由之路，中国梦具体到工业战线就是加快推进新型工业化。新中国成立以来，我国大力推进工业化建设，积极探索新型工业化道路，用几十年时间走完西方发达国家几百年走过的工业化历程，取得了举世瞩目的伟大成就，为中华民族实现从站起来、富起来到强起来的历史性飞跃提供了坚实的物质技术基础。

2023 年 4 月，工业和信息化部党组决定依托赛迪研究院组建新型工业化研究中心，旨在学习研究和宣传阐释习近平总书记关于新型工业化的重要论述，深入开展新型工业化重大理论和实践问题研究。一年多来，形成了一批重要研究成果，本套丛书便是其中的一部分。

数字化、绿色化是引领时代变革的两大潮流，实现新型工业化必须加快推进数字化、绿色化转型。《数字化转型赋能新型工业化：理论逻辑与策略路径》一书认为，数字化转型正在深刻重塑人类社会，要充分发挥数字化对新型工业化的驱动作用，加快制造业发展方式的根本性变革。《数据基础制度：夯实数据要素市场根基》认为，数据基础制度建设事关国家发展和安全大局，要加快完善我国数据基础制度体系。《算力经济：生产力重塑和产业竞争决胜局》提出，通过算力技术的创新和应用，能够发展新质生产力，推动传统产业的数字化转型和智能化升级，培育壮大新兴产业，布局建设未来产业。《融合之力：推动建立"科技—产业—金融"良性循环体系研究》一书，总结了美、德、日等国推动科技、产业、金融融合互促的主要做法，并提出了符合中国国情和发展阶段的总体思路与具体路径。《"双碳"目标下产业结构转型升级》从重点行业、空间布局、贸易结构、风险防范、竞争优势等方面论述了产业结构转型升级问题，并从体制机制、要素保障、政策体系等层面提出对策建议。

推进新型工业化，既要立足国情，体现中国特色和中国场景，也要树立全球视野，遵循世界工业化的一般规律。《产业链生态：机理、模式与路径》一书认为，当前全球经济竞争已经进入到产业链竞争的时代，该书构建了产业链生态的"技术层-生产层-服务层-消费层-调节层"五圈层结构理论，提出了构建产业链生态的筑巢引凤、龙头带动、群星荟萃、点线面递进、多链融合、区域协同六种典型模式。《制造业品质革命：发生机理、国际经验与推进路径》认为，世界制造强国在崛起过程中都会经历"品质"跃升阶段，纵观德国、日本、美国的工业化历程莫非如此，我国也要加快推进制造业品质革命。《瞰视变迁：三维视角下的全球新一轮产业转移》指出，产业转移是不可避免的全球经济规律，对促进全球工业化、科技创新等有积极意义，应系统全面评估产业转移对新型工业化的综合影响，积极谋划并提前布局，增强在全球产业链供应链空间布局中的主动性。《跨越发展：全球新工业革命浪潮下中国制造业发展之路》通过国际和国内比较，对中国制造业实现跨越式发展进行了多维度分析，并提出了可行性建议。从知识层面来说，材料丰富、数据扎实与广泛性构成了此书的显著特色。《面向2035的机器人产业发展战略研究》一书为实现机器人强国战略目标，提出拥有核心关键技术、做强重点领域、提升产业规则国际话语权三大战略举措。

总的来看，本套丛书有三个突出特点。第一，选题具有系统性、全面性、针对性。客观而言，策划出版丛书工作量很大。可贵的是，这套丛书紧紧围绕新型工业化而展开，为我们解决新型工业化问题提供了有益的分析和思路建议，可以作为工业战线的参考书，也有助于世界理解中国工业化的叙事逻辑。第二，研究严谨，文字平实。丛书的行文用语朴实简洁，没有用华丽的辞藻，避免了抽象术语的表达，切实做到了理论创新与内容创新。第三，视野宏大，格局开阔。"它山之石，可以攻玉"，丛书虽然聚焦研究中国的新型工业化，处处立足中国国情，但又不局限于国内，具有较高的研究价值与现实意义。

本套丛书着眼解决新时代新型工业化建设的实际问题，较好地践行了习近平总书记"把论文写在祖国大地上"的重要指示精神。推进新型工业化、加快建设制造强国，不仅关乎现代化强国建设，也关乎中华民族的未来。相信读者在阅读本丛书之后，能更好地了解当前我国新型工业化面临的新形势，也更能理解加速推进新型工业化建设的必要性、紧迫性与重要性。希望更多的力量加入到新型工业化建设事业中，这是一项事关支撑中华民族伟大复兴的宏伟工程。

是为序。

苏波

2024 年冬

前言
Introduction

当今，数据已成为国家治理中不可或缺的基础性战略资源。作为新型生产要素，数据是数字化转型和推动新质生产力发展的基础。数据基础制度建设事关国家发展和安全大局。《中共中央 国务院关于构建数据基础制度更好发挥数据要素作用的意见》（简称"数据二十条"）成为数据基础制度的"四梁八柱"。但目前数据基础制度建设方面仍有许多问题等待解决，加紧开展数据基础制度研究势在必行。本书以构建纵深分域的数据要素市场体系作为数据基础制度研究的逻辑起点，通过对数据产权、流通交易、收益分配、安全治理等重点领域开展专项研究，提出新时代具有中国特色的数据基础制度体系框架构想。

在数据产权制度研究方面，从"分权—确权—授权—维权"四个环节创新性分析数据产权运行机制，提出从政策规划、法律法规、管理规则、标准规范四个维度构建数据多方共有、资源多方共用、成果多方共享、风险多方共担的数据产权制度体系。在数据流通交易制度研究方面，在分析总结国内外数据要素流通交易制度现状的基础上，提出构建"1311"数据流通和交易制度体系，即加强数据交易场所"一盘棋"统筹规划，构建三大数据交易业务保障体系，建立一套集约高效数据流通基础设施体系，创新发展一套数据流通交易监管体系，并从体制机制、建章立制、宣贯实施三个维度给出流通交易制度建设对策建议。在数据要素收益分配制度研究方面，通过分析总结国内外数据要素收益分配制度实践，提出从政府、企业、个人三类主体入手，构建完善数据要素收益初次分配制度和科学再分配制度，并明确各项收益分配制度的核心内容和落地举措。在数据安全治理制度研究方面，通过分析总结国内外数据要素安全治理现状及挑战，提出围绕数据要素市场主体、数据、行为、基础设施四大核心要素构建数据要素安全治理制度体系框架，并结合"数据二十条"要求，从政府、企业、社会角度给出多方协同治理的具体建议。

综合上述研究，本书提出由国家、地方、行业、社会等四类制定主体，围绕顶层构架、数据产权、流通交易、收益分配、安全治理五个重点领域，从政策规划、法律法规、管理规则、标准规范四个制度类别入手，全方位构建新时代具有中国特色的数据基础制度体系。

　　本书由多位作者合作完成，作者包括吴志刚、闫晓丽、高婴劢、张莉、明承瀚、王闯、周润松、周萌、崔雪峰、王蕤、李书品、李立雪、江燕、王中逸、王伟玲、贾映辉、郭盈、周波、徐青山、张连夺。感谢以上人员的辛苦付出。

　　特别感谢北京市经济和信息化局唐建国总经济师、中国电子信息产业发展研究院刘权副总工程师、中国政法大学李爱君教授、国家信息中心王晓冬处长、北京师范大学吴沈括教授、中国电子信息行业联合会数联委陈晓峰秘书长、中国科学院战略咨询院冯海红博士、清华大学计算社会科学与国家治理实验室傅建平专职研究员等领导和专家对课题研究的指导。数据基础制度建设是数字经济时代面临的重要课题，这方面的研究刚刚开始。由于我们的能力和水平有限，研究内容和观点还存在不足之处，敬请广大读者和专家批评指正。

目录
Contents

CHAPTER

1

第一章
数据基础制度概论

数据已成为国家治理中不可或缺的基础性战略资源，被视为推动人类经济社会发展的新能源。数据代表着事实、描述着证据、承载着知识，对土地、资本等其他生产要素具有明显的放大、叠加和倍增作用，是驱动经济社会运行的新型生产要素，正在推动企业生产方式、社会生活方式和政府治理方式深刻变革，关系着国家安全和国际竞争力。数字技术是人类认识和改造世界的重要手段，数字技术的快速发展，正深刻改变着人类获取数据、管控数据、利用数据、传播数据等各种活动，数据和数字技术的叠加，已成为驱动人类迈向数字文明的高速引擎。

一、数据应用发展概述

新一轮科技革命和产业变革方兴未艾，数据作为生产要素，正加速融入经济社会发展各领域和全过程，成为重组全球要素资源、重塑世界经济结构、改变各国竞争格局的重要元素。

（一）发展数据要素市场时机已成熟

新一轮科技革命和产业变革带动数字技术快速发展，以数字技术为引擎的第二次机器革命悄然而至。我国作为本轮科技革命的先行者，在政策引导、资源积累、技术发展和应用驱动等方面都具备较好基础。

1. 国家高度重视数字经济发展

当前，数据资源已经成为各国争夺的战略资源，我国也把数据要素市场培育和数字经济发展作为国家战略，推出一系列政策措施。2019 年，我国首次将"数据"列为生产要素，提出了"健全劳动、资本、土地、知识、技术、管理、数据等生产要素由市场评价贡献、按贡献决定报酬的机制"。2020年，《中共中央 国务院关于构建更加完善的要素市场化配置体制机制的意见》正式提出要加快培育数据要素市场。《中华人民共和国国民经济和社会发展第十四个五年规划和 2035 年远景目标纲要》提出，要加快数字化发展，推进数字产业化和产业数字化，推动数字经济和实体经济深度融合，推动数据资源开发利用，扩大基础公共信息数据安全有序开放，构建统一的国家公共数据开放平台，优先推动企业登记监管、卫生、交通、气象等高价值数据集向社会开放。这一系列政策的发布，说明了数据作为生产要素需要新思维、新手段、新工具、新机制、新模式、新技能、新素养和新成就，不断提升数据治理能力和数字经济发展水平。这对提升国家综合竞争实力，推动国家高质量发展具有十分重要的意义。

2. 我国数据资源十分丰富

我国历经 30 多年信息化发展，积淀了海量的数据资源，特别是在网络基础设施、信息高速公路、数据基础设施建设等方面取得了令人瞩目的成绩，互联网普及度高，电子商务、共享经济、移动支付、直播带货等各类数据创新应用覆盖面广，为我国逐步建设数据应用创新中心创造了有利条件。从数据治理的视角来讲，我国正处于数字革命与产业变革的交汇期，正在从制造大国向数据大国迈进。从观大势、谋发展的角度来看，我国正面临着百年未有之数据发展战略机遇。2024 年全国数据工作会议上的最新信息显示，2023年我国数据生产总量预计超 32ZB，我国已是全球数据大国，凭借先进的数字技术、巨大的人口数量、庞大的制造体系，从人口红利向数据红利转变，这是我们亟须抓住的一个前所未有的机遇。

3. 数字技术应用潜力巨大

2020 年，国家提出了以新发展理念为引领、以技术创新为驱动、以信息网络为基础的新型基础设施建设（简称"新基建"），主要包括信息基础设施、融合基础设施、创新基础设施三个方面的内容。国家提出新基建的目的在于夯实数据基础设施，增强数据的加工能力、处理能力和传输能力，整合数据的承载能力，为数字化转型和数据应用提供技术支撑。

（二）数据要素市场培育面临六大挑战

随着数字技术的快速发展，数据资源数量快速增加，数据要素各利益相关方的关系日趋复杂。目前，我国数据要素市场发展仍处于初级阶段，数据供需不平衡、数据运营产业链尚未形成、数据流通交易规则体系尚不健全等问题亟待解决。数据要素市场培育面临着很多挑战，主要表现在以下六个方面。

1．对数据新要素的内涵认识有待进一步深化

一方面是理论认识不足，对数据新要素的边界划分不清晰，数据新要素包含的内容还不明确，数据新要素的定义模糊，相关理论研究还不够深入。另一方面是制度供给不足，关于数据和数据治理方面的法律法规相对滞后，数据治理的体制机制尚未理顺，数据标准规范有待扩充完善，相关政策与措施有待进一步研究。

2．数据资源的完整资产底账有待进一步厘清

从现状分析来看，政府、企业及个人尚未厘清自身所拥有的数据资源底账情况。从政府数据来看，数据生产部门存在数据底账、数据台账不清等问题，致使政府数据在跨部门、跨层级、跨领域、跨业务共享方面，存在不愿、不会、不敢共享等难题。从企业数据来看，大部分企业对自己的数据家底不清楚，尚未系统开展公司层面、部门层面、业务层面结构化、非结构化数据梳理和编目，数据权责和来源模糊不清，致使大部分企业数据难以实现市场化有效供给。从个人数据来看，有些信息进行了数字化，有些没有，有些数字化信息由于安全问题和隐私保护措施不强很难实现清晰管理权限等。同时，由于数据质量不高、数据安全隐患、数据难以管理等原因，使我们很难做到真正的"心中有数"。

3．数据加工工具供给能力有待加强

面对海量数据，缺乏有效的数据加工工具已成为一个技术难题。元数据管理、主数据管理、数据资产管理、参考数据管理、数据指标管理、非结构数据管理、数据中台及数据湖等各类工具名目繁多，让人应接不暇。一些开源的数据加工工具功能单一，只能满足个别加工需求，很难满足专业化数据加工处理的需求。而且，很多数据加工处理的技术又掌握在少数供应商手中，很难做到普惠大众，难以让公务人员、普通业务人员有效参与数据加工过程。此外，数据加工处理需要一定的专业知识、计算方法、程序代码、专用设备、专业人员等，这些都是影响数据加工工具供给能力的因素。

4．数据应用场景具有局限性

数据的广泛使用受应用场景限制。京东、淘宝、美团、拼多多等电商平台数据，其应用场景相对受限较小。而政府机构的"一网通办""一站通办""一体化平台"等数据，其应用场景往往受用户和操作对象等条件限制。再如一些企业的 ERP 平台数据，特别是一些大型制造业企业，其数据应用场景在很大程度上受一定条件限制。

5．数据管理能力有待进一步提升

数据管理能力是一个全新的领域，需要具备专业知识体系、专业技能及实战经验。目前，大部分政府部门、企业及个人的数据管理能力存在明显不足，在数据的管理意识、管理方法及管理模式等方面尚未形成良好的运行机制。

如何通过合理配置人、财、物等因素，履行计划、组织、领导、控制等职能，进而加强对数据基础设施的投资，增强数据战略意识，改进管理方法，构建管理模式等，实现对数据的有序管理、对数据要素的有效配置、对数据

市场的有效培育等，这些都是在数据管理方面需要提升的能力。

6．非传统安全风险集聚

数据作为一种新型生产要素经过一个时期的数据聚集之后，新的安全风险、隐私保护、数据垄断、数据泄密、数据勒索等问题随之而来。而如何应对和解决这些新问题，将是一个大挑战和大考验。

针对上述问题，应当深入剖析数据要素的基本特征，以释放新型生产要素的价值为核心目标，对劳动工具进行必要的更新和升级，培养具备数据素养和技能的新型劳动者，构建科学合理的数据治理体系。

（三）培育数据要素市场"六大抓手"

激活数据要素市场新活力，释放数据要素市场新动能，激发各主体积极主动性，从市场主体角度出发来设计激励机制，构建一个良性的生态体系。具体来讲，可以围绕建立新制度、开发新要素、研发新工具、培育新业态、发展新职业、防范新风险"六大抓手"来构建数据要素市场生态体系。

1．建立新制度

构建数据要素市场生态体系首先要解决制度问题，应加强基础性制度和配套制度规则的制定。以顶层设计强化政策引导和制度保证，建立与我国现行制度相适应的数据规范体系和体制机制。通过制定数据"游戏规则"，明确政府部门之间的权责关系，明确市场主体之间的权责范围，营造良好的数据创新环境，推动数据要素资源的合理开发利用。同时，建立高效有序的数据开放、数据共享、数据协调、数据服务等机制，确保数据的有序流动，促进数据市场的有效运转。如地方政府成立相关的大数据管理部门，明确相关委办局的职能职责，建立一系列的管理制度和配套制度，制定数据方面的政策文件和标准规范等。这些都是确保政务数据有序开放共享和有效流通运转的前提条件和必要基础。

2．开发新要素

高质量、规范化数据要素市场的培育，首先要从源头上保证数据新要素的可靠性、有用性和标准化，制定各类数据产品标准，进而提升数据质量。通过加快一体化大数据平台建设和数据共享交换平台建设，按照物理分散、逻辑集中的集约化原则，规范数据加工产业各个环节的操作标准，制定相关的数据产品标准，从而打造互认互通的标准化、规范化、高质量的数据资源。同时，要尽快确立数据的资产地位，把数据作为重要的资产加以管理，提升数据质量管理水平。同时，要开展数据资产的申报、登记、普查，确立数据的资产地位。绘制数据资产的完整地图，摸清各部门的数据资产，提升数据资产的质量，做到真正的心中有"数"，逐步建立并形成一个完备的数据资源体系。

3．研发新工具

数据要素市场的培育，需要研发核心的数据加工工具，解决数据加工的技术瓶颈，提高数据的生产效率，来确保核心技术的自立自强。数据加工工具的供给将数据的全生命周期所需要的各类工具有效地衔接起来，从供给侧出发，引导培育一批具有自主知识产权的国产化工具，实现大数据产业的关键核心技术突破，开发一批对数据的采集、存储、加工处理、脱敏、安全等全生命周期进行高效、安全操作的工具，满足数据要素市场各类数据处理的工具需求。

4．培育新业态

培育一个真正的数据新业态，必须以应用场景为牵引带动数据要素市场的繁荣发展，以领域为主体培育不同类型的数据加工产业，不断探索优化数据加工模式与定价机制，不断深化产业结构性改革升级。从需求侧来看，数据要素市场应当以应用为牵引，以技术为支撑，以市场为纽带，把供给和需求两端有效地连接起来，从而形成市场和产业的良性互动。加强对数据资产运营机制的探索与实践，构建安全可靠的数据资源开发利用环境，促进多元主体参与各类数据产品和服务的开发和运营，形成科学合理的定价机制。

5．发展新职业

新要素孕育新职业。数据要素市场的培育急切需要一批拥有新技能的专业劳动者，这就必然会创造一批新职业。应尽快培养一批符合市场需求的专业大数据人才队伍，为我国大数据安全稳定发展提供智力支持。通过设置多重激励机制来吸引和培养新型的劳动者，培养一批大数据产业的专业化服务供应商，提升大数据加工和管理能力。

6．防范新风险

数据安全事关国家安全。要防范数据安全的新风险，必须加强底线思维，强化伦理道德规范，提升数据安全防范意识，遵守民法典及个人隐私保护的相关制度，构筑数字生态安全体系。同时，要加强监督制度，防范非传统安全风险。完善数据领域的相关法律、规范建设，开展数据安全治理，平衡数据流通使用与个人信息保护、数据安全之间的关系，加强个人信息保护和数据安全管理，加大数据安全保护力度，确保数据要素市场安全、可靠、有效运行。

二、对数据基础制度的理解

完善的制度是培育数据要素市场的重要抓手和有效保障。一般来说，制度是指组织为维护正常秩序制定的，约束经济和社会交往过程中的各类主体行为、解决社会问题和矛盾的规则集合。而数据基础制度是指为激励或约束数据市场参与主体行为、保障数据要素市场高效运行而制定的各种规则集合，主要包括各类政策文件、法律法规、标准规范、管理规则等正式制度，以及支撑市场运行的各类技术条件等。

（一）各国重视数据基础制度建设

当前世界各国在加强数据要素治理过程中，都十分重视通过制度体系建设来促进数据要素市场化配置。美国提倡数据自由流动，通过立法司法措施防止数据产权垄断，通过法律法规推动政府数据开放，通过分领域立法加强个人信息隐私保护，并与其他国家签订合作框架，布局全球数据流动机制，巩固其在数字经济领域的全球领先地位。欧盟通过制定严厉的法律法规，将数据保护，尤其是个人数据保护放在最优先地位，试图扭转其在全球数字经济发展赛道上的不利局面，提升其在全球数据治理中的话语权和影响力。英国在数据治理领域既追随美国脚步，也充分吸收欧盟的经验，在制定完善的公共数据开放法律法规以倡导政府数据开放的同时，也对标欧盟法律，严格保护个人数据权利。日本在数据要素市场化配置方面更多倾向于鼓励数字经济发展，从政策法规层面倡导数据自由流动，在数据安全保护方面相对弱化。

当前我国正积极推进数字中国、网络强国建设，高度重视大数据产业和数字经济发展。2019 年，党的十九届四中全会首次将数据列为生产要素。2020 年 3 月，《中共中央 国务院关于构建更加完善的要素市场化配置体制机制的意见》提出，加快培育数据要素市场。2022 年 12 月，《中共中央 国务院关于构建数据基础制度更好发挥数据要素作用的意见》发布，在数据产权、流通交易、收益分配、安全治理等方面做出系统化部署，标志着我国数据基础制度建设全面启动。

建设数据基础制度，更好发挥数据要素价值，是全人类面临的共同挑战。

近年来我国在数据治理探索实践中积累了一定经验。一方面，颁布实施《中华人民共和国网络安全法》(简称《网络安全法》)、《中华人民共和国数据安全法》(简称《数据安全法》)、《中华人民共和国个人信息保护法》(简称《个人信息保护法》)等关于数据和个人信息安全保护的法律法规，《中华人民共和国民法典》(简称《民法典》)也明确将数据纳入民法保护范围，努力筑牢数据治理根本底线。另一方面，《促进大数据发展行动纲要》《"十四五"数字经济发展规划》《中共中央　国务院关于构建更加完善的要素市场化配置体制机制的意见》等政策文件相继发布，积极推进数据要素市场化，促进数字经济健康发展。

然而，从数据要素市场运行的现实情况看，我国数据要素市场在准入政策、产权制度、交易规则、收益分配、安全监管体系等方面还存在一系列基础性问题。在充分发挥数据要素的作用方面，仍然面临数字生产关系落后、数据要素配置机制缺乏、平台企业数据垄断、数据市场监管困难等诸多挑战[1]。而这些问题的产生，与当前数据基础制度建设不充分有着很大关系。例如，在数据产权制度方面，相关法律规章仍有欠缺，造成在数据要素市场监管过程中出现无据可依的局面。在数据要素交易方面，没有形成规范的数据交易制度体系，在数据运营机构准入、数据产品价值评估、数据流通交易监管机制等方面仍存在欠缺。在数据要素收益分配方面，个人数据提供者和数字劳动者为企业创造了巨大价值，却难以获得与之相应的收入分配，而劳动者之间数字技能的差距也加剧了收入分配的不平等。数据要素定价机制处于研究探索阶段，数据要素分配体系尚不完备，相关研究仍有待进一步深入和拓展。在数据安全治理方面，针对数据要素流通交易安全的制度规则还处在初步探索阶段。因此，开展系统化的数据基础制度建设研究，既是对全球趋势与我国现实需求的及时回应，也是完善相关理论研究的必然需求。

---

① 马红丽. 数据基础制度迈出重要一步. 中国信息界.

（二）数据基础制度构成内容

1．数据产权制度：建立数据要素市场秩序的重要依据

产权是市场交易的基础，完善的数据产权制度，是数据要素实现高效流通的必要前提。以数据交易为例，在数据产权不确定的情况下，虽然交易的数据都会经过脱敏脱密处理，但在数据被反复挖掘利用的过程中，无法确保数据运营行为的合规性，在数据权益被侵害时无法找到侵权者。若想让数据成为所有产业竞争力提升的动力源，就要确立排他性产权的必要性，充分利用市场机制，更加有效地协调相关主体的利益。数据产权的确定，有利于明确数据交易主体的责任和权利，规范数据交易主体行为，化解数据产权不确定带来的利益冲突，保护各自的合法权益，形成良好的数据交易秩序，引导数据交易相关方规范公正地完成数据交易。数据所有者在相关法律的保护下，可以自主、积极、创造性地挖掘数据价值，将各类沉积的数据变为资产。数据购买者在相关法律的规制下，可自觉约束自身经营行为并主动承担相应经营责任，防止数据交易市场秩序失调。

2．数据流通交易制度：数据要素市场规模化发展的必要条件

数据和土地、资本、劳动力等生产要素一样，只有流通才能发挥作用。从发展程度来看，现阶段我国数据开放共享发展相对领先，数据授权运营、数据交易、数据跨境流动相对处于探索期，数据作为生产要素，如何实现流通范围更广、效率更高、领域更深，是决定数据要素市场发展进程的关键一环。激发数据流通活力，应逐步建立安全可靠的数据开放共享空间和数据交易市场，完善相关机制，推动数据资源流动，充分释放数据资源价值。商品、货币流通周转才能发挥价值，数据亦是如此。构建数据资源体系，最终目标在于将数据转化为资源，促进数据资源流动，从而造福于经济、民生等各个领域。数据流通交易是在已有数据基础上促进数据重用、发挥数据价值的有

效手段，也是达到构建数据资源体系最终目标的关键一步。

3．数据要素收益分配制度：保障数据要素市场各方权益的有效途径

建立完善的数据要素收益制度，引导数据要素参与生产分配，是实现财富再分配、社会公平有效的重要手段，是完善我国收入分配格局、规范收入分配秩序的重要举措。数据要素按贡献参与分配是激励多元主体参与数据要素市场发展的有效举措，可以充分激发不同主体挖掘数据要素的热情。但分配主体与数据要素持有权、使用权、收益权等密切相关，在数据权属不确定的情况下，难以科学确定不同主体在数据要素市场活动中所扮演的角色，导致在数据价值创造过程中群体性贡献与个体性拥有的冲突，这是分配过程中最难、最重要的环节。例如，很多传统制造企业正由"卖产品"向"卖服务"转变，为客户提供设备远程在线运维服务，但设备产生的数据属于设备提供方还是客户方，提供方基于设备数据产生的价值是否应与客户方分成或以其他形式补偿客户方，目前尚未定论。

4．数据治理制度：实现数据要素市场规范发展的根本保障

制度建设是数据治理各项工作有序开展的基础保障和根本依据。由于广泛存在的数据质量问题和数据壁垒现象，目前跨层级、跨地域、跨系统、跨部门、跨业务的数据共享仍存在诸多障碍，特别是一些垂直系统的数据获得难度仍较大，相关的组织制度、激励制度与安全保障制度亟待建立和完善。为此，应当通过加强基础性制度和配套性制度的研究制定，以顶层设计强化政策引导和制度保证，建立一个与中国特色社会主义制度相适应的数据管理规范体系和体制机制。通过制定数据"游戏规则"，明确政府部门之间的权责关系，明确市场主体之间的权利义务关系，营造良好的数据创新创造环境，推动数据要素资源的合理开发利用。发挥地方政府、行业协会的组织协调作用，引导工业、金融、电力等重点行业企业探索数据规范管理的机制和模式，强化数据分类分级管理，打造分类科学、分级准确、管理有序的数据治理体系。

（三）数据基础制度建设意义

探索构建适应数据特征、符合数字经济发展规律、保障国家数据安全、彰显创新引领的数据基础制度，是新时代我国改革开放事业持续向纵深推进的战略性举措，是立足我国国情、准确把握时代发展规律提出的重大理论创新。深入认识和理解数据基础制度的功能及其重要性，确保数据行为有明确的法律依据和规章制度可循，对于充分发挥数据要素的作用、加快数据要素市场的形成具有重大的意义。

1．加强数据基础制度建设是构建新发展格局、推动高质量发展的必然要求

党的二十大报告指出，高质量发展是全面建设社会主义现代化国家的首要任务。数据基础制度是数字时代国家治理制度设计的重要组成部分，是激励和约束数据要素市场主体行为、保障数据要素高效安全参与分配、促进数据要素作用发挥的制度集合。在全国统一大市场的背景下，依托我国数据规模和数据应用优势，建立符合数字时代先进生产力发展规律的数据基础制度，有助于提高我国在数字化发展中的统筹协调能力、社会整合能力、风险应对能力、总体安全保障能力，从而充分发挥数据要素作用，促进数据生产力发展，保障人民群众的数据权益，更好地服务于经济社会高质量发展。

2．加强数据基础制度建设是增进人民福祉、促进共同富裕的关键举措

党的二十大报告提出，要提高人民生活品质，扎实推进共同富裕。数据要素收益分配制度是促进共同富裕的数据基础制度。改革开放以来，中国创造性地提出以按劳分配为主体、多种分配方式并存的收入分配制度。该项制度把按劳分配和按生产要素分配结合起来。之后，在收入分配制度中又先后将资本、技术、管理等要素纳入分配。而当前我国提出数据要素参与分配是中国共产党准确把握工业经济向数字经济转型发展趋势,率先提出的重大理论创新和突破。数据要素天然具有非稀缺性、非独占性,可被多方共同使用,彼此之间互不影响,同时可以跨界发展,打破时空限制,这为通过分配机制统筹兼顾效率与公平、促进全体人民共享数字经济发展红利、实现共同富裕带来了新契机。同时,这也是发挥中国特色社会主义制度优势,推动马克思主义理论在网络强国、数字中国建设中与时俱进的一次开创性探索和实践。

3．加强数据基础制度建设是抢占数字市场国际规则制高点的重要选择

数字时代,数据要素流动不仅是跨市场的,也是跨国境的。从全球数字经济发展总体态势来看,目前全球性的数据要素市场还处于初期孕育阶段,各国的数据基础制度建设还处于起步阶段,我国与其他国家相比,在数据基础制度建设方面并未处于落后状态。美国、欧盟等在数据立法方面先行一步。例如,美国颁布了《加州消费者隐私法案》《美国数据隐私和保护法》等与数据市场相关的法律法规,欧盟制定出台了《通用数据保护条例》《公共部门信息再利用指令》等法律法规。我国也相继实施了《网络安全法》《数据安全法》《个人信息保护法》等基本法律,从权益保护和数据安全等方面为数据要素市场规范化发展提供了法律保障。从总体来看,世界主要国家、地区的数据基础制度框架基本还处于探索阶段。在此形势下,我国应加快数据基础制度建设,尽快形成针对数据要素市场发展的法律法规框架体系,加快制定涵盖产权制度、流通交易制度、收益分配制度、安全治理制度等的管理制度,积极与世界主要国家、地区的数据基础制度形成衔接,系统性地提出全球数字治理的中国方案,作为其他国家、地区数据基础制度建设的参考案例,这将有利于我国抢占全球数据市场规则制定的制高点,有利于我国数据要素市场对外开放,有利于构建更加公平合理、开放包容、安全稳定、富有生机活力的网络空间,在日趋激烈的国际竞争中掌握发展主动权。

三、我国数据基础制度建设概况

数据基础制度建设事关国家发展和安全大局。近年来，我国在数据要素市场制度建设实践方面具有自己的特色，正向系统化、整体性方向协同发展，具体情况主要体现在顶层设计不断完善、法律法规稳步跟进、管理规则持续探索、标准规范加快建设等四个方面。

（一）顶层设计不断完善

2001 年，《中华人民共和国国民经济和社会发展第十个五年计划纲要》将"加速发展信息产业，大力推进信息化"作为"经济结构"任务中的一项重要内容，并提出，加强信息资源开发，强化公共信息资源共享，推动信息技术在国民经济和社会发展各领域的广泛应用。2012 年 4 月，《"十二五"国家政务信息化工程建设规划》提出，到"十二五"末期，初步建成共享开放的国家基础信息资源体系。为促进大数据发展，中央层面和地方政府制定出台一系列政策规划，形成由国家战略、行动纲要、发展规划、指导意见、实施方案等构成的比较完备的顶层制度设计体系。2014 年 3 月，大数据被正式写入国务院政府工作报告。2015 年 9 月，《促进大数据发展行动纲要》明确，"数据已成为国家基础性战略资源"。不仅将数据作为独立的内容，更明确数据是国家基础性战略资源的地位。2016 年 12 月，国务院印发的《"十三五"国家信息化规划》提出，建立统一开放的大数据体系，包括加强数据资源规划建设、推动数据资源应用、强化数据资源管理、注重数据安全保护四方面任务，不断夯实数据资源基础，探索破解制约数字红利释放的体制机制障碍，加强数据资源高效利用和安全管控。2017 年 1 月，工业和信息化部发布《大数据产业发展规划（2016—2020 年）》，对数据市场建设和产业发展做了整体谋划。2019 年 10 月，党的十九届四中全会通过的《中共中央关于坚持和完善中国特色社会主义制度 推进国家治理体系和治理能力现代化若干重大问题的决定》首次将数据列为生产要素，提出健全劳动、资本、土地、知识、技术、管理、数据等生产要素由市场评价贡献、按贡献决定报酬的机制。这充分展现了党中央对信息技术发展时代特征及其未来趋势的深刻洞察和精准把握，也凸显了数据对于经济活动和社会生活的巨大价值。同时，明确了当前阶段健全数据要素市场化配置机制是深化经济体制改革、建设高标准市场体系的客观要求。2020 年，《中共中央 国务院关于构建更加完善的要素市场化配置体制机制的意见》强调要加快培育数据要素市场，将数据要素市场与土地市场、劳动力市场、资本市场、技术市场并列为加快培育的五大生产要素市场，构建更加完善的数据要素市场化配置体制机制。这标志着数据要素开始步入市场化阶段。推进数据市场化配置，为数字经济发展夯实市场基础。2022 年 12 月，《中共中央 国务院关于构建数据基础制度更好发挥数据要素作用的意见》正式发布，拉开了我国数据基础制度建设的大幕，对加快培育数据要素市场具有划时代的里程碑意义。

（二）法律法规稳步跟进

2016 年 11 月 7 日，十二届全国人大常委会第二十四次会议通过《网络安全法》，自 2017 年 6 月 1 日起施行。该法为保障我国网络安全，维护国家网络空间主权、国家安全、社会公共利益，保护公民、法人和其他组织的合法权益，促进经济社会信息化健康发展而制定，数据安全和个人信息保护也是其中的重要内容。

2021 年 6 月 10 日，十三届全国人大常委会第二十九次会议审议通过《数据安全法》，该法自 2021 年 9 月 1 日起正式施行。作为数据安全领域的基础性法律和国家安全法律制度体系的重要组成，该法确立了国家数据安全工作体制机制，构建了数据安全协同治理体系，明确了预防、控制和消除数据安全风险的一系列制度、措施。该法明确了开展数据活动的组织、个人的数据安全保护义务，落实了数据安全保护责任，建立了保障政务数据安全和推动政务数据开放的制度措施等。《数据安全法》的核心在于确保数据安全，最终目标则是推动数据作为生产要素顺畅、加速流通，同时提供必要的底线规范。

2021年8月20日，十三届全国人大常委会第三十次会议审议通过《个人信息保护法》。该法自2021年11月1日起施行。该法专注于保护个人信息权益、规范个人信息处理活动、促进个人信息合理利用。该法进一步细化、完善个人信息保护应遵循的原则和个人信息处理规则，明确个人信息处理活动中的权利义务边界，健全个人信息保护工作体制机制。具体而言，该法明确了个人信息的定义，确立了个人信息保护的原则，如处理个人信息的告知－同意原则等；禁止了"大数据杀熟"等数据误用、滥用行为；严格保护敏感个人信息，将生物识别、宗教信仰、特定身份、医疗健康、金融账户、行踪轨迹等信息列为敏感个人信息；规范了国家机关处理个人信息的活动，不得超出履行法定职责所必需的范围和限度；赋予个人充分的权利，明确了个人在个人信息处理活动中的知情权、决定权等；强化了个人信息处理者的义务，明确了个人信息处理者是个人信息保护的第一责任人，对其个人信息处理活动负责；明确了大型互联网平台的特别义务，如定期发布个人信息保护社会责任报告等；规范了个人信息跨境流动，明确了个人信息跨境传输要求。

从总体来看，目前我国数据领域的法律法规及部门规章等制度建设在国家层面基本只关注数据安全和个人信息保护，而强调推动数据共享开放及流通交易的法律法规相对较少。在地方层面，则有不少地方开始重视数据共享开放和数据开发利用。

贵阳、上海在推进政府数据共享开放的法规建设方面，走在全国前列。《贵阳市政府数据共享开放条例》是全国首部关于促进政府数据共享开放的地方性立法，《上海市公共数据开放暂行办法》是全国首部促进公共数据共享开放的地方政府规章，并首次提出了分级分类开放模式。随后，北京、福建、广东、重庆等地纷纷出台地方性法规促进本地数据应用和数据要素市场培育。

（三）管理规则持续探索

除基本法律法规之外，工业和信息化部制定了《电信和互联网用户个人信息保护规定》《工业和信息化领域数据安全管理办法（试行）》，国家互联网信息办公室制定了《汽车数据安全管理若干规定（试行）》《数据出境安全评估办法》《个人信息出境标准合同办法》，中国人民银行发布了《个人信用信息基础数据库管理暂行办法》，财政部发布了《企业数据资源相关会计处理暂行规定》。各部门通过制定各类部门规章和管理规定等指导本行业、领域数据安全流通和有序利用。

（四）标准规范加快建设

我国积极推动数据治理及数据要素领域标准化研制工作，围绕数据管理、数据资产、数据流通、数据安全、数据质量、数据共享开放等方面出台和制定了一系列标准规范。

在数据管理方面，发布了《数据管理能力成熟度评估模型》（GB/T 36073—2018）。该标准给出了数据管理能力成熟度评估模型及相应的成熟度等级，定义了数据战略、数据治理、数据架构、数据应用、数据安全、数据质量、数据标准和数据生存周期等 8 个能力域，该标准适用于信息系统建设单位、应用单位等进行数据管理时的规划、设计和评估，旨在帮助组织提升自身数据管理能力，持续完善数据管理组织、程序和制度，促进组织向数字化、智能化方向转变。

在数据资产方面，发布了《电子商务数据资产评价指标体系》（GB/T 37550—2019），该标准规定了电子商务数据资产评价指标体系的构建原则、指标体系、指标分类和评价过程。

在数据开放共享方面，主要体现在电子政务领域。如 2020 年发布的《信息技术 大数据 政务数据开放共享 第 1 部分：总则》（GB/T 38664.1—2020）、

《信息技术 大数据 政务数据开放共享 第 2 部分：基本要求》（GB/T 38664.2—2020），以及《信息技术 大数据 政务数据开放共享 第 3 部分：开放程度评价》（GB/T 38664.3—2020）等。

在数据流通方面，已发布的标准涉及数据流通的各环节，如《信息技术 数据交易服务平台 交易数据描述》（GB/T 36343—2018）、《信息技术 数据交易服务平台 通用功能要求》（GB/T 37728—2019），对数据交易服务平台的数据描述和通用功能提出了标准化要求。《电子商务数据交易 第 1 部分：准则》（GB/T 40094.1—2021）、《电子商务数据交易 第 2 部分：数据描述规范》（GB/T 40094.2—2021）、《电子商务数据交易 第 3 部分：数据接口规范》（GB/T 40094.3—2021）、《电子商务数据交易 第 4 部分：隐私保护规范》（GB/T 40094.4—2021）等，对电子商务数据交易中涉及的数据描述、数据接口、隐私保护等提出标准化要求。

在数据质量方面，发布了《信息技术 数据质量评价指标》（GB/T 36344—2018），明确了数据质量评价指标的框架和说明。

在数据安全方面，发布的标准较多。如针对数据安全能力的《信息安全技术 数据安全能力成熟度模型》（GB/T 37988—2019），针对数据安全管理的《信息安全技术 大数据安全管理指南》（GB/T 37973—2019），针对数据安全技术的《信息安全技术 政务信息共享 数据安全技术要求》（GB/T 39477—2020），针对数据流通安全的《信息安全技术 数据交易服务安全要求》（GB/T 37932—2019），针对个人信息安全保护的《信息安全技术 个人信息安全规范》（GB/T 35273—2020）等。

这些标准实践通过标准化手段为政府、企业的数据治理提供指导和规范，不断扩大标准化在数据治理领域的广泛应用，促进组织完善数据治理机制，提升数据管理能力，加强组织间的数据交换共享，提升数据价值[1]。

---

① 代红，张群，尹卓. 大数据治理标准体系研究. 大数据.

四、新时代我国数据基础制度建设的现实需求

数据作为新型生产要素，需要制度创新，加紧开展数据基础制度研究势在必行。要开展数据基础制度研究，首先需要厘清当前我国数据要素流通运行的基本逻辑、数据要素价值发挥的关键环节、数据要素市场的利益相关方，以及当前我国数据基础制度的需求。

（一）我国数据要素流通运行的基本逻辑

公共数据运营在数据要素市场培育的过程中起到重要的引领和示范作用。《中华人民共和国国民经济和社会发展第十四个五年规划和 2035 年远景目标纲要》强调，开展政府数据授权运营试点，鼓励第三方深化对公共数据的挖掘利用。开展公共数据运营能够最大限度地挖掘数据价值红利，催生更多数字经济新模式、新业态和新优势，推动数据要素市场化建设，为数字经济的发展提供新动能。因此，这里可以通过公共数据运营来探讨我国数据要素流通运行的基本逻辑。公共数据运营是指按照国家相关法律法规要求，经公共数据管理部门和其他相关信息主体授权的具有专业化运营能力的机构，在构建安全可控开发环境基础上，按照一定规则组织产业链上下游相关机构围绕公共数据进行加工处理、价值挖掘等运营活动，提供数据产品和数据服务的相关行为。

我国公共数据要素市场运营可以围绕构建纵深分域数据要素市场运营体系的总体思路，打造"一座""两场""三域""四链"的体系架构（见图 1-1），统筹健全数据管理权、运营权、开发权及监管权等多维权限的权责设定及监督体系，明晰数据提供方、汇聚方、运营方、开发方、使用方、监管方等各方权责，保障数据运营的顺利进行，最终实现公共数据的社会效益和经济价值。

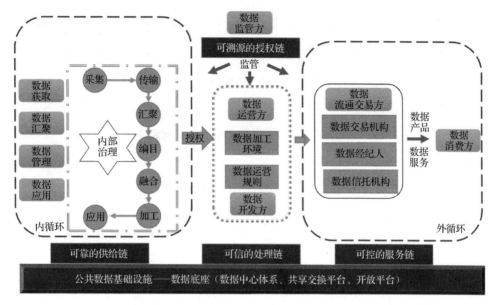

图 1-1 纵深分域的数据要素市场体系

"一座"就是夯实数据底座。对于公共数据来说，数据运营的基础设施即全国一体化的数据中心体系、共享交换平台、开放平台。通过该数据底座为公共数据运营全流程提供良好的开发利用环境，是实现公共数据智能化、精细化运营的重要载体。

"两场"就是构建两级市场。其中，一级市场是公共数据原材料供给市场，在政府各级部门内部实现。在一级市场内，通过建立公共数据分类分级管理制度，规范公共数据的采集、传输、汇聚、编目、融合、加工、应用等关键环节，确保公共数据资源的可获得性和安全性。一级市场是实现数据生产加工、流通交易的前提和基础。二级市场是数据产品和数据服务流通交易的市场，也是释放数据价值、最大化社会效益和经济效益的市场。

"三域"就是三个独立分管区域。着力打造以"内部管控区+中间运营加工区+外部市场交易区"三域融合的公共数据运营体系。其中，内部管控区是公共数据运营的内循环，为公共数据运营提供可靠供给链。数据管理部门基于安全可控的公共数据管理平台，依法依规开展数据管理，并通过该平台统一授权至公共数据运营方，实现公共数据的可靠供给。中间运营加工区是公共数据运营的中间枢纽，可作为缓冲地带，是连接内循环和外循环的桥梁，为数据服务开发提供可信的处理链和可溯源的授权链。数据运营方经授权开展公共数据运营平台建设，为公共数据运营提供可信数据加工环境和数据运营规则，同时运营监管方负责数据全流程监管溯源工作。外部市场交易区是公共数据运营的外循环，为公共数据运营提供可控的服务链。数据流通交易方（数据交易机构、数据经纪人、数据信托机构）根据数据需求向数据消费方提供数据产品和数据服务。同时，监管部门依法依规监管数据服务全过程，既要保障数据服务质量，也要保证数据服务合规性。

"四链"就是可靠的供给链、可信的处理链、可控的服务链、可溯源的授权链。其中，可靠的供给链能够保证公共数据供给过程的安全可靠和公共数据的有效供给。可信的处理链是指公共数据运营机构为数据服务开发提供的可信的数据资源。可控的服务链是指在保障公共数据资源使用合规和隐私安全的前提下，数据运营方根据数据服务使用方的需求提供数据产品和数据服务的行为。可溯源的授权链是指公共数据资源可溯源、授权监管有据可循，可溯源的授权链贯穿整个公共数据运营过程。

利用"一座""两场""三域""四链"促进纵深防御体系逐步形成的同时，更需要所有数据要素市场相关主体持续提升数据管理和治理综合能力。数字经济时代的数据生产力模型（见图1-2）涵盖内外双循环体系，一是以组织内部数据共享交换、分析使用为主的内循环（数据源头自治的小治理），二是以运营加工和流通交易为主多元参与生态协调的外循环（多元主体共治的大治理）。各类数据处理者（市场主体）构建规则、管理和技术三位一体的数据生产能力，即各类数据处理者依据相关规则，构建行之有效的管理体系，充分利用数字技术手段，不断提升自身数据合规可信开放利用能力，深挖数据价值，促进业务发展。

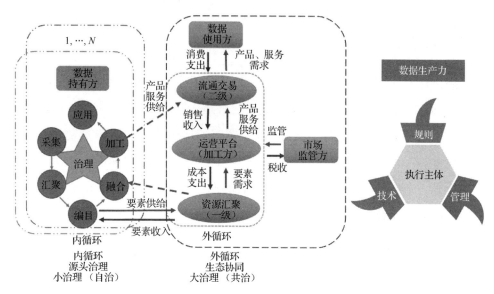

图 1-2　涵盖内外双循环体系的数据生产力模型

（二）我国数据要素价值发挥的关键环节

从价值生命周期来看，数据要素价值主要发挥在数据供给、数据运营、流通交易、应用追溯四个环节。

1．数据供给

数据供给主要包括数据管理、运营授权和数据登记等活动。其中，数据管理是指数据提供方开展的数据采集、存储、编目和质量管理等活动。运营授权是指具有公共数据运营意愿和技术服务能力的市场主体，向数据管理方申请并获得开展公共数据归集、加工处理、分析挖掘、开发形成数据产品和服务等运营权的过程。数据登记是指获得公共数据运营授权的市场主体在安全可控的环境下将公共数据进行统一记录，并提供公共数据登记凭证，形成供开发利用的公共数据登记清单的过程。

2．数据运营

数据运营主要包括搭建运营环境、制定运营规则、数据归集、加工处理、分析挖掘、管理数据产品等活动。其中，搭建运营环境是指搭建安全可控的公共数据运营软硬件环境，确保在原始数据不出域或可用不可见的条件下，提供数据产品和数据服务。制定运营规则即聚焦运营主体属性、运营程序、业务边界、义务权责及安全管理等重点问题，立足公共属性、市场公平和风险防范等多重维度，以运营服务机构准入、能力评估、安全管理等为重点，构建公共数据运营管理规则。数据归集是指通过数据集成、可信共享交换等技术手段，将已登记的公共数据汇聚到公共数据运营管理平台的过程。加工处理是指对已归集的公共数据资源进行数据清洗、数据脱敏、数据沙箱、数据标注、数据富化、数据筛选等操作，形成可供开发利用的数据的过程。分析挖掘是指通过数据建模、数据调用、数据融合、数据分析等操作，为形成数据产品和数据服务提供基础。管理数据产品是指对能发挥数据价值的数据模型、数据分析报告、数据可视化、数据指数、数据引擎、数据服务的使用场景、范围、用途、期限的报备、审核等操作。

3．流通交易

流通交易主要包括价值评估、数据产品交付、收益分配等活动。其中，价值评估是指根据成本法、收益法、市场法等数据价值评估方法，对合法处理数据形成的公共数据产品进行定价交易的过程。数据产品交付是指按市场化有偿使用原则，在安全可控的环境下，由公共数据运营方根据需求方协议要求提供公共数据产品并获得相关收益的过程。收益分配是指公共数据运营方根据公共数据价值评估标准和运营过程中各方主体的贡献度，通过商洽的方式合理分配运营收入的过程。

4．应用追溯

应用追溯主要包括数据开发利用方在获得公共数据产品和数据服务的基础上，进一步进行数据分析、开发新的数据产品等数据应用过程。在这一环节，公共数据运营方将对数据开发利用方关于公共数据的超范围使用、超场景使用等情况进行安全追溯管理。同时，数据开发利用方应接受公共数据运营监管机构的管理。

（三）我国数据要素市场的利益相关方

数据基础制度就是围绕数据供给、运营、流通、追溯等环节对各类数据参与主体的行为进行规范，明确责任、权利、义务，细化数据全生命周期相关流程及操作规程，构建规则、管理、技术三位一体的综合服务能力，打造各类数据处理者的数据生产力。结合"数据二十条"中的相关表述，并梳理当前学术界、实务界对数据要素市场化参与主体的表述，从利益相关者角度，将数据要素市场化参与主体归纳为六类：数据来源者、数据资源持有者、数据加工处理者、数据应用者、第三方服务机构、数据监管方。

数据来源者（数据主体）是指数据所映射的客观对象，即产生数据的主体，包括个人、法人、非法人机构、物（物品）等。

数据资源持有者是指对原始数据进行采集、记录、汇聚、存储等处理活动的自然人、法人或非法人组织，是对原始数据进行采集、收集、汇聚和实际控制的主体，通过持有数据载体控制数据内容，主要主体为政府部门、各类企事业单位、高校、科研院所，以及其他社会团体和个人等。

数据加工处理者，主要包括数据加工运营方和技术支撑方。其中，数据加工运营方是指基于多源异构数据资源进行数据清洗加工、分类汇聚，并经特定算法或模型进行开发利用，将非标准化的数据资源转化形成数据产品的市场主体。技术支撑方主要是指数据平台运营方，负责数据的日常运营，为数据供需提供沟通平台，包括授权运营平台、共享开放平台、数据交易平台等。

数据应用者是指数据的使用主体，可称为数据消费者或数据需求者，即从市场中共享（或购买）并使用经加工处理后的衍生数据或数据产品（数据服务）的主体，包括个人、政府机关、公证机构、金融机构、保险机构、医疗健康机构等。

第三方服务机构是指在数据要素市场化过程中提供数据集成、数据经纪、合规认证、安全审计、数据公证、数据保险、数据托管、资产评估、争议仲裁、风险评估、人才培训等相关服务的第三方专业服务机构、中介服务组织等。

数据监管方一般是指政府机构或部门，是数据要素市场运行规则的制定者和执行者，负责保障市场公平安全，维护市场秩序。数据要素市场监管主体主要涉及发改部门、网信部门、工信部门、公安部门等不同政府机构。从严格意义上来讲，数据监管方不属于数据要素市场化运行中的直接市场参与主体，但作为数据要素市场运行监管规则的制定者和执行者在数据要素市场化运行中同样发挥着重要作用。

（四）"数据二十条"指明制度建设方向

"数据二十条"是我国数字经济发展到一定阶段的产物，也是过去我国针对数据要素市场化、价值化改革探索的成果。"数据二十条"文件中贯穿了一条主线，即促进数据的合规高效流通使用，赋能实体经济的发展。为今后一段时期加速释放数据要素的价值，为实体经济注入新动能、推动我国经济高质量发展发挥着至关重要的作用。

在数据产权方面，"数据二十条"提出构建数据产权结构性分置制度，推进公共数据、企业数据、个人数据分类分级确权授权使用，健全数据要素各参与方合法权益保护制度。"数据二十条"在这方面的主要创新是提出数据产权"三权分置"（数据资源持有权、数据加工使用权、数据产品所有权）。同时，还强调了"三类数据"（公共数据、企业数据、个人数据）的数据分类分级确权授权机制。其中，对于公共数据，要明确数据使用条件和边界，支持服务公共治理和公益事业的公共数据有条件无偿使用，用于产业发展、行业发展的公共数据有条件有偿使用；对于企业数据，明确规定各类数据市场主体经营中不涉及个人和公共利益的数据归市场主体所有。

在数据流通交易方面，"数据二十条"提出完善数据交易全流程合规与监管规则体系，统筹构建规范高效的数据交易场所。培育数据要素流通和交易服务生态，包括数据集成、数据经纪、合规认证、安全审计、风险评估等专业数据服务机构，提供数据交易全流程服务体系。构建数据合规有序的跨境流通机制。"数据二十条"提出了构建"三种数据交易场所"——国家级、区域级数据交易场所和行业级数据交易平台。通过数据交易场所建设培育"两类数据交易主体"——数据商和第三方专业服务机构。

在数据要素收益分配方面，建立体现效率、促进公平的数据要素收益分配制度，健全数据由市场评价贡献、按贡献决定报酬机制，更好发挥政府在数据要素收益分配中的引导调节作用。"数据二十条"提出"三次分配"的探索——初次分配、二次分配、三次分配，要防止四次分配，也就是"黑灰产"的问题。在数据要素收益分配过程中，要发挥好"两种机制"的作用——市场的主导决定作用和政府的引导调节作用。

在数据安全治理方面，"数据二十条"提出推动数据要素市场有序发展，构建一套既安全可控又弹性包容的数据要素治理体系，同时创新政府数据治理机制，确保企业切实履行数据治理责任，并充分动员社会各方力量共同参与，形成数据要素治理的新局面。"数据二十条"还提出政府、企业、社会组织三方协同开展数据治理的新模式。

"数据二十条"提出从数据产权、流通交易、收益分配、安全治理等方面构建我国数据基础制度，体系化布局了数据基础制度的"四梁八柱"，擘画了建设数据要素市场的宏伟蓝图，有助于推动数据基础制度体系的构建，是我国深化改革开放的战略性和关键性举措。

五、新时代我国数据基础制度构建总体路径

总结我国数据制度建设现状，分析当前数据基础制度现实需求，结合"数据二十条"的要求，借鉴国外数据基础制度建设实践，我们认为，我国数据要素市场基础性制度建设与完善可围绕数据产权、流通交易、收益分配、安全监管等重点领域，开展不同程度的基础制度建设研究与实践探索。

（一）明晰产权，推动数据要素市场有序发展

一方面，推动国家立法机关基于各地实践探索，在现行法律的基础上，加快制定数据产权制度。根据个人、企业和政府等不同主体的类型，对主体的持有权、使用权、经营权、收益权等权利分类和明确，加快形成公开全面、持续完善的数据产权制度，明确数据产权界限。促进公共数据、企业数据、个人数据的分级分类授权使用。同时，在数据资源持有权、数据加工使用权、数据产品经营权等产权分置运行机制基础上，对数据收集、加工处理、流通交易、安全治理等各个环节中不同主体的持有权、使用权和收益权等各项数据权利予以明确。另一方面，从实体性法律规范的角度出发，根据不同数据类型，搭建相应的数据权益保护机制。对于公共数据，不断强化行政法领域公共数据开放、信息公开等制度的设计与衔接，明确私有主体申请获得公共数据和参与公开监督的权利。对于企业数据，在坚持公司自治的基础上，应当重点关注竞争法律制度的有效跟进，维护合法高效的数据要素市场秩序，防止因数据权力的滥用引发整体竞争秩序混乱。持续完善相应的授权使用合同机制，注重敏感信息的强行保密义务。对于个人数据，在民事一般法范围内依个人数据敏感程度进行层次化的权益保护，并适当改进相关侵权行为认定与评价规则，从正反两方面构建个人数据权益民事法规范。

（二）刺激流通，激发数据要素市场流通活力

一是研究制定公共数据授权运营管理办法，从授权管理主体、授权对象资质、授权运营场景、授权管理程序、收益分配机制、运营评估标准、授权期限及退出机制等方面作出相应规范。二是制定出台数据交易场所管理办法，明确数据交易机构的统一管理部门，引导场内外数据交易合规发展。统一数据交易规则，规范数据交易流程，建立数据交易登记、数据定价、数据交付和使用、结算等配套机制，提高数据交易效率。三是通过减免会员费、中介费等手段，吸引龙头大数据技术厂商、数据服务供需方、金融机构、高校科研院所、第三方机构等相关主体开展数据交易探索，繁荣发展数据流通交易市场[①]。四是围绕数据采集、清洗加工、增值服务、流通交易等方面需要，集聚一批优质企业，孵化培育数据服务生态。五是积极参与数据跨境流动国际规则的探讨和磋商，探索对我国有利的数据跨境流通合作新途径、新模式。

（三）合理分配，保障数据要素市场主体权益

我国现阶段分配制度应符合三项基本目标：一是完善市场初始分配机制，在初次分配中提高劳动报酬所占比例，进而提高我国中等收入人群比例。二是调整再分配机制，提高税收、转移支付和社会保障的精度和强度。三是创新三次分配机制，从道德意愿出发，开展慈善捐赠。国民收入分配和再分配理论表明，社会分配关系来源于生产关系。中国特色社会主义的数据要素参与分配的分配机制应当反映数据要素市场生产关系的特点。根据"三次分配"理论，数据要素收入分配机制主要包括一次分配、二次分配、三次分配。其中，以一次分配为主，二次分配和三次分配为辅。一次分配机制的关键在于分配主体的选择、分配多少，以及如何分配。二次分配机制应在政府的主

---

① 王喆，安脉，白松林等. 大数据交易面临的机遇和挑战. 信息系统工程.

导下，以税收、监管、公共数据要素收益分配等为抓手，保障数据要素机制分配公平，激励各主体参与要素市场建设。三次分配机制的关键在于鼓励企业和个人以慈善的形式参与数据要素市场建设。

（四）强化安全，夯实数据要素市场安全底座

数据治理是系统工程，需要站在全局视角，通盘考虑，着眼未来，长期行动。同时，数据治理也是"一把手"工程，应当由政府各部门、各行业、各企业等社会组织的最高领导亲自主抓，进而动员各级领导、各管理层、业务层、员工，以及公众等各个主体全方位地参与数据治理实践。通过数据治理治理实践，让各方真切体会到数据的潜力和活力，刷新数据治理理念和认知模式，引导公众树立数据治理意识，减轻政策执行阻力。首先，应当建章立制，创新数据治理工作的领导机制，明确"一把手"责任制，并纳入政府绩效考核体系。其次，设立跨职能主管部门，充分赋权，建立统一的数据管理制度，制定规范化数据管理流程。再次，从产业角度来看，数据产业的利益主体囊括政府、企业、个人及其他社会组织，应当充分发挥政府、企业、社会组织等多元主体的积极作用，强化各主体的服务性思维、创新性思维和共享性思维，构建全社会数据治理共同体。

构建系统完备的数据要素制度体系并非一蹴而就，这必将是一个长期、复杂的系统性工程。正如国家发展和改革委员会在对"数据二十条"解读文章中所说的，我们要进一步解放思想，加强统筹推进，强化任务落实，创新政策支持，鼓励有条件的地方和行业在机制、路径、模式探索等方面开展先行先试，积累实践经验。在此基础上，稳步构建以"数据二十条"为纲领的"1+N"制度体系，进一步完善数据产权界定、数据市场体系建设等制度和政策，更好构建和完善我国数据基础制度体系，为推进中国式现代化、实现中华民族伟大复兴提供坚实的体系化制度支撑。

CHAPTER

2

第二章
数据产权制度体系研究

数据产权制度就是在数据采集、加工、处理、流转、交易等过程中，确立个人、企业、政府各类行为主体数据权利的制度。数据产权制度既是构建数据要素市场的基础，也是数据要素市场有序运行的基础。完善的数据产权制度是规范数据要素市场行为的必要条件，是厘清各类数据要素流通边界的根本途径，也是实现数据要素收益合理分配的前提条件。

一、数据产权制度建设国内外实践

目前，国内外在数据确权方面尚未达成统一认识。众多国内外政府、机构、专家学者在数据确权的理论研究和实践中做了大量探索。欧美国家地区在数据权利规则制定方面发展较为成熟，因国情、文化、历史、价值观等因素，美国与欧洲国家在数据隐私保护和促进数据产业发展上各有侧重。

（一）国外数据产权制度建设情况

全球数据产权制度的研究仍在探索阶段，数据要素的产权认定规则在全球仍未达成统一。如美国采用分散式立法模式，分行业进行数据立法，形成"部门立法+行业自律"的产权体系。欧盟通过实施统一立法模式，在避免直接使用传统的财产权、经营权、持有权的基础上，成功推动了数据市场的蓬勃发展。欧盟《通用数据保护条例》和《数据法案》均明确了个人数据的被遗忘权、访问权和可携带权等，但并未规定个人数据有财产权。总的来看，不同国家或地区根据其数据要素市场建设的侧重点，采取不同的产权运行规则，但尚未形成统一的制度标准。

1. 美国重视数据主权与自由，但没有数据产权立法

美国构建了以数据价值开发为核心的个人与企业权利体系，通过积极促进数据市场发展、规范多元主体的数据行为、强化域外数据管辖的"长臂"效应，全面保障数据安全，进而实现数据价值的最大化。由于美国至

今仍未达成数据产权保护制度立法，从而形成了独特的数据权利体系演化模式。

（1）在数据权利方面，美国力图保障其在全球数字经济市场的绝对统治地位，其数据权利制度不断基于市场需求与国际环境进行修正补充。随着数字市场深入发展和个体权利意识觉醒，美国较早关注数据安全与个人数据隐私。美国早期通过宪法第4、14、9修正案为数据权利发展奠定关键基础。美国将企业数据所有权纳入以竞争法为核心的商业秘密保护体系，采用针对具体行业、具体事件的规制方式，协调数据主体与数据控制者间的数据权利纷争。同时，加强各领域企业权利规制与个人权利保障，推进行业指引、网络隐私认证、技术保护等行业自律规制手段的快速发展。一方面，推出系列商业秘密专门法规，保障企业数据权利，促进公私合作，如《促进私营部门网络安全信息共享行政令》《美国自由法案》。另一方面，密集颁布个人数据权利制度，如《数据保障法案 2018》《数据隐私与保护法案》，不断强化保障个人数据的同时，注重数据流通以最大化发挥数据价值①。

（2）在数据主权方面，美国重视国家数据控制权，既注重域内数据安全保障和开放共享，又强化域外数据所有权和控制权。一是域内安全保障与开放利用同步推进。美国重视数据自由流动与价值开发，推进域内网络安全保障和政府数据开放共享，平衡经济发展与国家主权保障间的矛盾。如颁布《计算机安全法》等政策将数据安全纳入国家安全战略，通过《爱国者法案》《信息网络安全研究与发展法》等专门法案不断加强网络空间治理。二是域外自由流动与"长臂"管辖双向执行。推行"网络自由"原则与有限规制的策略，注重掌握域外数据管控权，推进跨境数据产业贸易，强化本国数据保护，同时奉行数据霸权，对数据流通持双重标准。积极强化"长臂"管辖，越权管辖域外数据资源，通过《边界数据保护法》等强调对域外数据的所有权和严格的跨境数据贸易标准，强化本国域外管辖效力，执行进攻性的域外

---

① 何梦婷，刘先瑞，冉从敬. 国际数据权利体系沿革与我国借鉴研究. 图书馆论坛.

数据管辖[①]。

（3）数据产权方面，美国虽鼓励数据自由流动，但在法律层面数据产权制度比较滞后。相较于数据权利保护，美国政府更加注重数据开发利用。美国政府认为将数据这种无形的、易流动的、价值易变的生产要素资源从法律上确认其所有权的归属，必然会造成数据垄断，限制数据的自由流动。因此，美国对数据的确权积极性不高，在历史上多次否决了可能造成数据垄断的立法尝试和司法实践。一是多次否决数据产权立法尝试。美国至今也没有一部保护数据产权的法律，例如，美国国会曾提出信息收集反盗用法案议案，提议保护任何"通过大量金钱或其他资源的投资收集、组织或维护的信息集合"免受数据盗用的实际或潜在威胁，结果被认为赋予了数据库制造商垄断权，而未获得通过。后来，"对数据确立产权可能会形成垄断"的观点逐渐在美国国会占据了上风。二是司法实践也不支持对数据权利的保护。1991 年的"Feist 案"强调没有独创性的数据汇编不受版权法的保护，并把"事实信息不受排他权保护"的信条上升到了法律层面，明确了不得仅依靠投资主张版权法上的权利，奠定了美国对数据权利的基调。2020 年年底达成和解的"Ticketmaster v. Tickets 案"，确认了只有当"爬虫"给数据控制者的系统带来负担或破坏时，数据爬取才具有可责性，否认了数据属于平台独占财产的观点。这使数据权利保护在很大程度上依赖于法律框架下的企业自律和事后救济机制，尽管这种做法确实对数据产业的发展具有积极的推动作用，但同时也增加了数据泄露等安全风险。

2. 欧盟致力于个人数据保护，兼顾非个人数据价值挖掘

当前，欧盟将数据保护作为一项基本的人格权利，并通过严格的数据保护进行数据确权，数据保护主要采用个人数据与非个人数据分开保护的原则。

---

① 何梦婷，刘先瑞，冉从敬. 国际数据权利体系沿革与我国借鉴研究. 图书馆论坛.

在个人数据保护方面，致力于提高个人数据保护水平是欧盟数据治理的主要特色。早在 1995 年，欧盟颁布的《数据保护指令》，是第一部处理欧盟内部个人数据的指令。《数据保护指令》对个人数据做了明确界定，其为数据主体创设了多种权利，主要包括数据查阅权，数据更正、删除、封存权，对数据处理的反对权。随着互联网和个人数据的蓬勃发展，《数据保护指令》难以适应时代需要，2018 年 5 月，欧盟新颁布的《通用数据保护条例》（GDPR）取代了《数据保护指令》。《通用数据保护条例》成为欧盟在个人数据保护方面的又一重要立法，该条例旨在通过加强对数据控制者和处理者的规制，维护和扩大公民对其个人数据的控制权，被称为"史上最严"个人数据保护条例。《通用数据保护条例》强化了对数据主体的保护，明确要求个人同意的前提是对数据收集、使用的充分知情和自由选择，要求数据控制者在提供充分便利的条件下赋予数据主体随时撤回同意的权利。另外，《通用数据保护条例》还为数据主体增设了两项权利，分别是被遗忘权和可携带权。但是它并未规定个人数据能成为财产权的客体。然而，《通用数据保护条例》也存在较大问题。其中，最突出的问题在于不能适应数据时代发展，不能有效解决数据保护与数据开发的矛盾。《通用数据保护条例》秉持数据私权至上的原则，对数据控制者和处理者使用个人数据进行了严格的限制，并对违反该条例的行为，尤其是违反监管机构发布的命令，将采取极其严厉的惩罚措施。

在非个人数据方面，欧盟多强调企业控制下的数据，而非企业所"拥有"的数据，同时保护数据主体权利，鼓励数据开发利用。2017 年发布的《构建欧洲数据经济》提议构建数据生产者权利，保护数据再利用成果，激发了数据开发利用的积极性。2018 年通过的《非个人数据在欧盟境内自由流动框架条例》成为欧盟重要的非个人数据立法。该立法强调数据在欧盟领域内的自由流动，限制或禁止数据本地化措施，意图促进欧盟数据市场的自由竞争。随后，2020 年发布的《欧洲数据战略》，指明未来五年欧盟实现数字经济的路径和方式，欧盟的目标是创建一个面向世界开放的单一数据市场。而 2022 年发布的《数据法案》，以及 2022 年 6 月 23 日正式生效的《数据治理法》，均是践行欧洲数据战略的关键立法成果，代表了欧盟数据治理的最新发展趋向。《数据法案》与《数据治理法》均围绕促进欧洲数据价值释放这一目标，内容分别侧重公共部门与私人部门所持有数据的共享利用。

虽然欧洲数据战略在总体设计上符合时代发展的要求，在强化数据保护的同时，也提出实现数据共享的目标，但更多还是停留在理论框架上，没有明确数据确权相关问题，也没有实施此战略的具体机制。另外，欧盟虽然注重个人隐私和数据安全的保护，但严格的监管制度在一定程度上也降低了数据要素市场主体的积极性，增加了数据交易成本和监管主体的执法成本，不利于数据开发利用。

（二）国内数据产权制度建设情况

我国高度重视数据产权制度的建设和完善，从中央到地方，从法律法规到政策条例，开展了一系列积极探索和实践，数据权利体系建设初步发展。

1. 国家层面加强顶层设计，推进数据权利框架与具体制度设计

我国自实施国家大数据战略以来，数据权属、数据产权、数据确权、数据资源开发利用等议题得到关注。2016 年，《"十三五"国家信息化规划》在重点任务分工方案中率先明确要建立数据产权保护、数据开放相关政策法规和标准体系。2020 年 4 月，《中共中央 国务院关于构建更加完善的要素市场化配置体制机制的意见》提出要将"研究根据数据性质完善产权性质"作为数据要素市场建设的重要举措之一。2020 年 11 月，《中共中央关于制定国民经济和社会发展第十四个五年规划和二〇三五年远景目标的建议》明确提出"建立数据资源产权、交易流通、跨境传输和安全保护等基础制度和

标准规范，推动数据资源开发利用。"这一文件进一步明确了数据产权制度建设的工作部署。

2022 年 12 月，"数据二十条"明确提出，建立保障权益、合规使用的数据产权制度，探索数据产权结构性分置制度，推进实施公共数据确权授权机制，推动建立企业数据确权授权机制，建立健全个人信息数据确权授权机制，逐步形成具有中国特色的数据产权制度体系。可见，"数据二十条"在数据确权问题上的立场已经很清晰，即以解决市场主体遇到的实际问题为导向，创新数据产权观念，淡化所有权、强调使用权，聚焦数据使用权流通，创造性提出建立数据资源持有权、数据加工使用权和数据产品经营权"三权分置"的数据产权制度框架，构建中国特色数据产权制度体系[①]。

2．重视组织保障，成立国家数据局并统筹推进数据基础制度建设

2023 年 3 月，中共中央、国务院印发《党和国家机构改革方案》，提出组建国家数据局，协调推进数据基础制度建设，统筹数据资源整合共享和开发利用。构建数据基础制度体系，其核心在于建立完善的数据产权制度，国家数据局的成立就是要解决数据的产权问题，构建归属清晰、合规使用、保障权益、激活价值的数据产权制度。2023 年 10 月 25 日，国家数据局正式揭牌，标志着我国数据政策制度建设正式迈入了新阶段。

3．探索数据产权制度设计，追求数据权利和数据合理利用并重

一是不断探索数据权益保护制度设计，保障数据安全，维护数据市场有效运行。目前，我国现行的法律制度主要侧重数据的保护和监督，着重强调数据的合规利用，确保数据的使用符合相关法规和标准，陆续出台《网络安全法》《民法典》《个人信息保护法》《数据安全法》等法律。2021 年开始实施的《数据安全法》从立法层面解决了数据国家主权问题，并提出了数据分

---

① 周汉华. 数据确权的误区. 法学研究.

类分级管理、数据安全审查、风险评估、应急处理等数据安全保护制度，但未涉及针对数据本身所承载的其他权益关系[1]。《民法典》将个人信息保护归入人格权编，并要求除法律、行政法规另有规定外，处理个人信息应征得该自然人或者其监护人同意。《个人信息保护法》进一步明确了个人数据权利，设立决定权、知情权、删除权、访问权、保密权等权利。同时，我国也关注对企业数据权利的保障，促进市场公平竞争和产业经济发展，颁布《中华人民共和国反不正当竞争法》(简称《反不正当竞争法》)、《关于禁止侵犯商业秘密行为的若干规定》等[2]。二是探索数据产权登记制度，鼓励数据流通交易。数据权属登记制度是实现数据确权的最重要方式与制度保障。为积极响应"数据二十条"中提出的"建立数据产权制度，研究数据产权登记新方式"的要求，我国多个省、市作为试点地区开展了积极探索，在 2023 年上半年公布了数据产权登记管理办法，包括《深圳市数据产权登记管理暂行办法》《浙江省数据知识产权登记办法（试行）》《北京市数据知识产权登记管理办法（试行）》《江苏省数据知识产权登记管理办法（试行）》等。这些地方性办法或依托知识产权保护制度对数据予以登记；或以发改委为主导，以新型财产权为思路，通过数据分类确权，分别建立适配数据流通各环节的登记体系。例如，《浙江省数据知识产权登记办法（试行）》明确提出按照数据知识产权进行登记。《深圳市数据产权登记管理暂行办法》则落实"数据二十条"的要求，其中，第七条指出登记主体具有数据资源持有权、数据加工使用权和数据产品经营权三重权利，第十五条规定数据资源首次登记包括数据资源持有权的归属情况，数据产品首次登记包括数据产品经营权的归属情况。三是探索公共数据授权运营机制，推动公共数据开发利用。2021 年，《上海市数据条例》首次规定了公共数据授权运营，指出公共数据授权运营的目的是提高公共数据社会化开发利用水平，并提出要"组织制定公共数据授权运营管理办法，明确授权主体，授权条件、程序、数据范围，运营平台的服务和使用机制，运营行为规范，以及运营评价和退出情形等内容"。此后，浙江、

---

① 童楠楠，窦悦，刘钊因. 中国特色数据要素产权制度体系构建研究. 电子政务.
② 何梦婷，刘先瑞，冉从敬. 国际数据权利体系沿革与我国借鉴研究. 图书馆论坛.

山东、四川、湖南、北京等省份也已相继出台了公共数据授权运营的实施办法，明确授权标准、条件和具体程序要求，建立了授权运营评价和退出机制。例如，《浙江省公共数据授权运营管理办法（试行）》明确提出，建立省级公共数据授权运营管理工作协调机制，负责本省行政区域内授权运营工作的统筹管理、安全监管和监督评价，健全完善授权运营相关制度规范和工作机制。该办法明确了授权运营单位安全条件、授权方式、授权运营单位权利与行为规范等内容。建立数据产权制度，可在相关地方探索的基础上，将被证明行之有效的经验适时上升到制度层面。

4. 地方积极探索实践，明确数据权属保障数据权益

各地方先试先行，积极探索数据产权制度建设。已有 20 多个省份制定出台了包含数据权属相关内容的管理制度或条例。2021 年 7 月颁布的《深圳经济特区数据条例》首次在地方性法规中提及数据相关权益，体现了数据具有财产权、人格权的属性，明确了自然人对个人数据享有人格权益，自然人、法人和非法人组织对其合法处理数据形成的数据产品和服务享有财产权益。其他一些地方立法也采用了类似的规定。《山东省大数据发展促进条例》规定，利用合法获取的数据资源开发的数据产品和服务可以交易，有关财产权益依法受保护。《江苏省数字经济促进条例》规定，组织、个人与数据有关的权益依法受到保护。《北京市数字经济促进条例》规定，数据产品和数据服务的相关权益受法律保护。《广东省数字经济促进条例》提出，自然人、法人和非法人组织对依法获取的数据资源开发利用的成果，所产生的财产权益受法律保护，并可依法交易。《上海市数据条例》第 12 条第 2 款规定，本市依法保护自然人、法人和非法人组织在使用、加工等数据处理活动中形成的法定或者约定的财产权益，以及在数字经济发展中有关数据创新活动取得的合法财产权益。在此基础上，该条例将这些权益明确提炼为"数据权益"概念。2022 年 10 月出台的《苏州市数据条例》首次在地方立法中对数据权益进行区分处理并规定，自然人、法人和非法人组织依法享有数据资源持有、

数据加工使用、数据产品经营等权益，获取与其数据价值投入和贡献相匹配的合法收益，并首次使用了"相关数据权利"的表述。这些地方对数据权益范围和类型进行界定、分类的立法探索，对国家层面的数据权属立法具有较大的借鉴意义。

二、数据产权制度的发展困境

（一）上位法缺失，对数据要素市场建设支撑力不足

在数据产权、流通、交易、安全等四大基础制度中，数据产权制度居于核心地位。科斯定理指出只有在数据产权明晰的前提下，我们才能有效地利用价格机制促进交易活动的顺利进行，进而降低市场机制中存在的摩擦和运行成本。然而，数据产权保护领域上位法缺失，使数据权利性质和归属问题缺乏明确的法律依据，成为数据要素市场建设和培育的重大制约。虽然《民法典》《数据安全法》《个人信息保护法》等法律法规将数据权属问题作为重要议题，但仅概括性地对数据保护进行了规定，缺少针对数据权属性质、确权、授权的专门规定。目前，虽有少数地方立法对数据权属问题做出了一定的尝试，明确了数据权属，但只适用于特定的区域范围。总体来看，我国现有法律规范还是以强调数据安全、规范数据交易行为为主，而关于数据权属界定问题尚未提供相应的制度安排。数据产权无法从法律法规层面得到有效明确，将会阻碍数据要素市场的健康发展。

（二）相关配套制度不完善，数据权益难以得到保障

完善的数据产权制度体系是数据要素市场健康发展的根基，为确定数据产权保护和各项权利归属，规范数据要素市场行为提供了坚实的制度保障。数据产权制度体系建设涉及政策规划、法律法规、规章办法、标准规范等。目前，我国数据确保发展方面存在产权制度体系尚不完善，法律规制相对薄

弱，相关配套政策措施、标准规范等还有待进一步细化，数据权属划分不清、数据权利性质不明、数据产权保护不完善等问题，以上问题使数据主体之间在数据交易和流通过程中容易造成分歧、产生纠纷，不利于数据权利保护。例如，部分互联网平台的注册协议中规定，用户在享受平台服务时产生的一切数据归平台所有。即便互联网平台被其他公司兼并重组，但平台仍然保留转让用户数据所有权的权利。这种强制性确权行为极易造成对个人数据的侵犯。

（三）传统产权体系难以为继，制约数据高效有序流通交易

相比于实物，数据要素具有可复制性、可排他性、规模报酬递增性和非竞争性等特征。数据在生产、加工、流通和交易等各个环节涉及个人、企业和国家等多方利益主体。数据要素的独特性使传统的民法、行政法、经济法和反不正当竞争法等法律无法适应数据生产和流通，难以满足数据要素市场发展需求，不利于数据要素的充分流通①。例如，当企业数据权利受到侵害时，司法实践通过知识产权法和反不正当竞争法等法律法规对企业数据产权进行保护。然而，知识产权保护模式仅能填补企业数据保护的部分空白。当数据不具备独创性、秘密性、期限性等特征，或者不是智力劳动成果时，知识产权法则难以对数据进行确权②。

（四）跨境数据产权制度缺失，不利于维护国家数据主权安全

跨境数据的正常流转，不仅有利于维护国际经贸稳定发展，也有利于保障我国的数据主权安全。我国在立法方面对跨境数据相关问题进行了规制，《网络安全法》《数据安全法》《数据出境安全评估办法》等法律法规及规范性文件对跨境数据的评估、流转、监管等方面作出了规定。目前，我国尚未建立跨境数据方面的专门立法，而已有立法过于原则化，没有完全解决

---

① 赵秉元，杨东. 构建促进数据要素市场化配置的数据产权制度. 中国国情国力.
② 孙莹. 企业数据确权与授权机制研究. 比较法研究.

跨境流动存在的管辖权、域外效力等实际问题，也未明确跨境数据权属的相关要求[1]。

三、数据分类分级确权授权运行机制分析

（一）分权—数据产权构成

数据产权的权能配置存在多种多样的划分类型，尚未形成统一的标准。"数据二十条"跳出所有权的传统思维模式，创新性地提出根据数据来源和数据生成特征，分别界定数据生产、流通、使用过程中各参与方享有的合法权利，建立数据资源持有权、数据加工使用权、数据产品经营权等分置的产权运行机制。本书则基于"数据二十条"提出的数据产权基础框架，进一步对上述"三权"进行具体化分析。数据产权结构性分置的主要目的在于将不同权利分配给最合适的主体，以数据产权平行利用的模式最大程度实现数据价值[2]。数据产权分置着眼于共同使用、共享收益模式下数据价值的充分实现。

（1）数据资源持有权。数据资源持有权是指在事实上对数据有直接的支配和控制权，数据资源权利人通过实际持有数据载体，从而实现对数据内容的支配和控制。数据资源持有权是数据处理权的前提和基础，只有实际控制数据才能进一步处理数据。数据资源持有权包括数据管理权，即对数据进行持有、管理和防止侵害的权利，以及数据流转权（处分权），即同意他人获取或转移其所产生数据的权利[3]。

（2）数据加工使用权。数据加工使用权是指权利人对数据进行开发处理、加工使用的权利，是一种广义的处理权，即只要不是法律法规禁止的，数据

---

① 孙世超、赵伟. 数据权属的认定及体系构建. 天津法学.

② 孙莹. 企业数据确权与授权机制研究. 比较法研究.

③ 陈兵. 数据要素市场化配置的法治推进——兼论《数据二十条》相关条款设计. 上海大学学报（社会科学版）.

开发利用的各种形式权利都包括在内。数据加工使用权的权利主体一般为数据处理者。数据加工使用权包括数据加工权和数据使用权。数据加工权是指对数据进行筛选、分类、排列、加密、标注等处理的权利。数据使用权是指对数据进行分析、利用等处理的权利。

（3）数据产品经营权。数据产品经营权是指数据加工处理者或数据持有者对经加工、分析等形成的数据或数据衍生产品享有定价、销售、共享等交易和支配的权利。数据产品经营权包括产品处分权和产品收益权。

数据产权分置制度安排，让数据资源持有者能够在数据产业链上实现多元化，这也意味着同一主体可以在市场中扮演多重角色，或者同一角色可由多类主体担当。

（二）公共数据确权授权机制

公共数据是指国家机关和法律等授权的具有管理公共事务职能的组织在履行公共管理职责或者提供公共服务过程中收集、产生的各类数据，以及其他组织在提供公共服务过程中收集、产生的涉及公共利益的各类数据。公共数据不仅涉及政府机关，还涉及供水、供电、供气、公共交通、公共健康、公共教育等提供公共服务的企事业单位和社会组织，也涉及政府资金和公益基金所支撑的公益类研究机构和社会组织等，可以将这些机构统称为公共管理与服务机构。"数据二十条"高度重视公共数据要素价值的释放。对于公共数据开发利用的所有权问题，"数据二十条"提供了一种较为合理的解决思路，通过"三权分置"的权属设计有效推进了公共数据进入要素市场流通的进程。

1．确权——公共数据多方持有

从公共数据开发利用全生命周期的角度看，公共数据分布于数据主体（数据产生者）、公共管理与服务机构（数据收集者）、大数据中心（数据汇聚者）、数据主管机构（数据统管者）、授权数据运营机构（数据开发利用者）、数据交易机构（数据中介）、数据使用者等多个利益相关方之间并由其共同持有，但各利益相关方的数据权责及数据持有数量则各不相同。联合国在《2021 年数字经济报告》中将数据视为一种全球的公共品。公共数据作为公共管理和公共服务过程中的产物，涉及全社会的公共利益和公共福祉，如同水资源一样滋润着数字经济发展，属于全社会共有的公共资源，需要取之于民、用之于民。因此，公共数据应归国家所有，在党的统一领导下，按区域和行业领域由各级人民政府和各行业主管部门分头行使所有权管理。

（1）数据主体（数据产生者）。数据主体是数据产生者，涉及自然人、法人、非法人组织及其相关各种事物。随着 5G、云计算、物联网等技术快速发展和广泛应用，每个人、每个事物都可能成为数据产生者，数据如同泉水一般随时涌出，记录每个人、每个事物的相关属性特征及行为轨迹。根据公共管理和公共服务的相关法律法规要求，数据主体应该配合公共管理与服务机构，收集或产生与履职尽责过程相关联的必要数据，并确保数据真实、准确、有效。按照数据主体类型不同，这些数据将会涉及人格权、物权及知情权等。这些数据属于某个数据主体特定属性及行为轨迹，个体特征凸显，但涉及范围小，暂不具备规模化开发利用价值。数据主体本应是这些数据的实际主人，但受限于能力和手段，却无法真正持有或管辖这些数据，如用电数据、用水数据往往被供电、供水的企业所掌握。事实是数据主体已将数据持有权或管辖权让渡给公共管理与服务机构。《数据安全法》明确规定，国家保护个人、组织与数据有关的权益。特别是，依法保护自然人对其个人信息享有的人格权益。

（2）公共管理与服务机构（数据收集者）。公共管理与服务机构是数据收集者，应当遵循必要、正当、合法的原则，按照法定权限、范围、程序和标准规范收集所需数据。收集数据需要满足以下三点。①必要：为依法履行公共管理职责或者提供公共服务所必需，且在其履行的公共管理职责或者提供的公共服务范围内；②正当：收集数据的种类和范围与其依法履行的公共管理职责或者提供的公共服务相适应；③合法：收集程序符合法律法规相关规定。公共管理与服务机构依据法律法规所赋予的职责，合法合规地获得了与履职尽责关联的批量数据采集权、持有权及管辖权，将散落在每个主体的数据汇集。这类数据具有一定行业领域特征，逐步形成排他性的批量数据（如人口数据、法人数据、电力数据等），具备满足特定行业领域的规模化开发利用价值，是公共数据资源里不可缺少的部分。公共管理与服务机构应当遵守相关法律法规，以及国家标准的强制性要求，承担数据安全责任，对在履行职责中知悉的个人隐私、个人信息、商业秘密、保密商务信息等应当依法予以保密，不得泄露或者非法向他人提供。

（3）大数据中心（数据汇聚者）。大数据中心是数据汇聚者，按照各地、各行业相关法规赋予的职责，获得本地区或本行业海量公共数据资源的归集权、持有权及管辖权，构建公共数据基础设施及公共数据资源管理平台，为本地区、本行业的海量公共数据资源实现统一、集约、安全、高效管理，提供技术保障和服务支撑。各地大数据中心应承担上传下达的数据流通枢纽作用，按照物理分散、逻辑集中的方式，归集所辖区域内各公共管理与服务机构的相关数据，并将高频使用的数据引流到本地区数据湖（或数据资源池）中，为本地区公共数据开发利用提供稳定运行的数据底座。行业大数据中心应负责归集本行业领域各层级的数据，为本行业领域数据开发利用提供稳定运行的数据底座，同时还要指导各地所属机构，配合当地大数据中心归集本行业所属区域的相关数据，服务于地方数字经济发展。各地大数据中心如同每个区域的水库，汇聚并流淌着区域经济社会发展的全量公共数据（即块数据）；行业大数据中心如同运河一样贯穿全国各地，汇聚并流淌着行业领域的全量数据（即条数据）；全国一体化大数据中心体系建设将各地大数据中心和各行业大数据中心有效贯通，进而形成服务全国数字经济发展的"新型水利基础设施"。

（4）数据主管机构（数据统管者）。数据主管机构是数据统管者，按照各地、各行业相关法规赋予的职责，获得本地区、本行业海量公共数据资源的综合统筹管理权（数据管理权和处分权），是代表本地区、本行业行使海量公共数据资源所有权管理的机构，负责统筹规划、综合协调本地区、本行业的公共数据发展和管理工作，促进公共数据综合治理和流通利用。特别是各地数据主管机构是区域公共数据统筹管理工作的指挥中枢，如同看护区域水库的管理员，负责建立健全公共数据资源管理体系，组织开展公共数据资源调查，绘制完整的地区公共数据资源地图，强化对所辖地区大数据中心的指导和监督，推进、指导、协调、监督本地区各公共管理与服务机构的公共数据共享、开放和利用，充分发挥公共数据资源对优化公共管理和服务、提升城市治理现代化水平、促进经济社会发展的积极作用。

（5）授权数据运营机构（数据开发利用者）。授权公共数据运营机构是具有专业技能的数据开发利用者，按照相关要求及流程，从数据主管机构获得特定范围及限定数量的公共数据开发权，在安全可信的数据开发环境中持有相关数据，从事数据清洗、标注、分析、挖掘、脱敏、算法训练、机器学习等数据处理活动，形成数据产品和数据服务（如高价值开放数据集、算法模型、API 服务等）并享有相应收益权。数据开发利用者开展数据处理活动，应当遵守法律法规，尊重社会公德和伦理，遵守商业道德和职业道德，诚实守信，履行数据安全保护义务，承担社会责任，不得危害国家安全、公共利益，不得损害个人、组织的合法权益。数据开发利用者如同获得特种经营权的水厂，在安全可信的数据开发环境内（如同厂房）将获得授权开发的公共数据资源（如同区域水库的水）进行综合加工后形成的数据产品和数据服务（如同瓶装水、桶装水、各种饮料等）推向社会。

（6）数据交易机构（数据中介）。数据交易机构是指开展数据产品和服务交易的数据中介，按照相关要求及流程，获得数据产品（如高价值、有条件开放的数据集、算法模型）和数据服务（如 API 服务）交易的特许经营权，负责搭建数据交易平台，对数据服务商、数据产品、数据服务等进行登记备案，重点登记相关定价规则、数据产品及数据服务合规说明等，推动公共数据产品和数据服务的市场化配置和流通利用。

（7）数据使用者。数据使用者是公共数据产品和数据服务的最终消费者，按照业务需要和应用场景，通过数据交易机构合法合规获得公共数据产品和数据服务，也可以提出相关公共数据产品和数据服务新业务需求申请。

2. 授权——公共数据授权运营策略

公共数据授权是为了更好地对公共数据进行运营，充分释放数据价值。因此，公共数据授权运营成为当前我国公共数据开放利用的重要途径。公共数据授权运营一般是指公共管理机构依法授权具备相应技术能力的第三方主体运营公共数据，由被授权运营主体在授权范围内对公共数据实施开发利用，并向其他主体（自然人、法人或者非法人组织等）依法提供数据产品和数据服务的行为。当前，我国公共数据运营主要涵盖了"行业主导""区域一体化""场景牵引"三类典型模式。

（1）行业主导模式。该模式主要由垂直领域行业管理部门统筹开展行业内公共数据管理、运营、服务等各项工作。垂直领域政府或中央（国有）企业由数据归口管理部门开展公共数据管理平台建设，并授权和指导其下属国有企业作为公共数据统一运营机构，承担公共数据运营平台建设和数据汇聚、数据存储、数据加工等数据处理工作，并面向社会主体提供数据服务。同时，网信、发改、工信、公安等部门依法依规履行数据安全管理职责，对公共数据运营各参与方行为进行安全合规监管，构建"全生命周期全流程安全管理"的格局，对防范数据泄漏、保障全程闭环的数据安全和隐私服务有积极作用。第三方评估机构主要就公共数据治理、价值评估、质量评估等提供共性服务。

在可靠的供给链方面，行业内各政府部门作为数据提供方，享有数据控制权，行业内数据管理部门构建安全可靠的公共数据管理平台，对公共数据、公共数据资源目录进行统一归口管理,并通过该平台统一授权至公共数据运营方,接入公共数据运营平台。相关监管部门负责牵头制定相关制度规范、标准、机制。在可信的处理链方面,数据管理方在构建公共数据管理平台的基础上,委托授权其下属国有全资或国有资产控股大数据企业,作为公共数据统一运营机构,联合分包承建单位开展公共数据运营平台建设,提供公共数据运营环境、技术支撑、应用场景等,同时平台运营方亦参与公共数据处理,协助开展数据汇聚、数据存储、数据加工等数据处理工作,为数据服务开发提供可信数据资源。在可控的服务链方面,数据运营方作为数据服务的供给方,其职责在于深入挖掘数据价值,对数据进行开发、利用与分析,形成可控数据服务和产品,通过数据交易机构或数据产品服务平台门户,根据数据服务使用方需求提供数据服务。在可溯源的数据授权链方面,以公共数据归口管理部门为主要授权主体,以数据运营方、数据服务使用方为主要授权客体,主要利用隐私技术实现全程闭环的数据安全和隐私服务,实现操作和处理记录可上链保存、不可被篡改。同时,结合相应管理运行机制,保障公共数据资源可溯源授权、监管有据可循。

(2)区域一体化模式。该模式以区域内数据管理方统筹建设的公共数据管理平台为基础,整体授权至综合数据运营方开展公共数据运营平台建设。基于统一的公共数据运营平台,按行业领域划分,引入行业数据运营机构开展行业领域内公共数据运营服务。此外,第三方机构主要开展公共数据治理、价值评估、质量评估等共性服务。数据交易机构或数据产品服务平台门户向数据服务使用方提供可信的数据服务。

在可靠的供给链方面,各数据提供部门按照相关要求,编制本部门公共数据资源目录清单并登记数据资产。公共数据归口管理部门审核后统一归集、统一授权开展公共数据运营服务,实现公共数据的可靠供给。在可信的处理链方面,以统一运营平台为底座,按行业领域分类授权,由各行业数据处理者相对独立开展数据处理工作。在可控的服务链方面,各行业运营机构授权数据服务方为数据服务使用方提供数据服务或数据产品。监管部门依法依规监管数据服务全过程，运营机构建立数据服务反馈机制和成效评估机制。在可溯源的数据授权链方面，公共数据归口管理部门负责数据全流程监管溯源工作，负责制定监管措施，建立授权机制，实现监管全覆盖，保证数据运营服务安全可控。

（3）场景牵引模式。该模式以政府及公共服务部门信息化设施为基础，由公共数据归口管理部门制定和实施公共数据开放共享及开发利用的管理制度，统筹建设公共数据管理平台，并通过多次分类授权使垂直领域高质量数据运营方运用公共数据管理平台提供的数据资源开展相关数据服务。第三方机构主要提供数据治理、价值评估、质量评估等共性服务。监管部门依法依规监管公共数据运营相关主体行为。

在可靠的供给链方面，各数据提供部门按照相关要求，编制本部门公共数据资源目录清单并登记数据资产。公共数据归口管理部门审核后统一归集、统一授权开展公共数据运营服务，实现公共数据的可靠供给。在可信的处理链方面，以统一运营平台为底座，按行业领域分类授权，由各行业数据处理者相对独立地开展数据处理工作。在可控的服务链方面，各行业数据运营方授权数据交易机构或数据产品服务平台门户为数据服务使用方提供数据服务或数据产品。监管部门依法依规监管数据服务全过程，运营机构建立数据服务反馈机制和成效评估机制。在可溯源的数据授权链方面，公共数据归口管理部门负责数据全流程监管溯源工作，制定监管措施，建立授权机制，实现监管全覆盖，保证数据运营服务的安全可控。

国内三种公共数据运营典型模式既有共性特征，也有差异化特征。共性特征方面，三种模式均基本遵循"数归主体、依法利用、安全可控、有序流通、挖掘价值、造福人民"的原则。运营总体思路基本以打造纵深分域综合运营体系为主线，以确保公共数据管辖权不转移为前提，以公共数据内循环为主要突破口，充分运用新技术，打造公共数据安全有序流通的技术环境，完善数据运营机制和规则，强化公共数据运营监管和指导，提高各参与主体的数据管理能力，深入挖掘公共数据价值，为做强做优做大数字经济提供有力支撑。差异化特征方面，行业主导模式有利于加强数据管理、增强技术保障能力、提高开发利用效率，但因该模式公共数据管理及运营主体单一，数据垄断风险较大，不利于吸引社会各方有效运用公共数据开展相关技术、产品及模式创新。区域一体化模式有助于推动特定行业数据的专业化利用，但容易因公共数据运营主体单一而形成新的数据壁垒，不利于推进跨行业创新应用。场景牵引模式对避免数据垄断、构建共建共治产业生态具有积极作用，但该模式在运行过程中涉及多类主体的协同互动，对多方协同管理、数据安全风险防范等方面提出了更高要求。

（三）企业数据确权授权机制

关于构建结构性分置的数据产权制度，"数据二十条"提出，推动建立公共数据、企业数据、个人数据的分类分级确权授权制度。如何界定清楚企业数据确权授权机制，需要从企业数据要素化市场运行谈起，弄清楚企业数据要素市场化过程中的参与主体有哪些、企业数据类型如何划分、企业数据要素市场化主要环节有哪些，从而能对企业数据进行有针对性地确权授权，并保护各参与主体的合法权益。企业数据确权授权机制设立的宗旨之一即充分保护企业对数据享有合法的利益诉求；但与此同时，企业数据具有利益复杂性，同一数据要素之上往往并存着个人信息权益、公共利益等多元主体的利益诉求，因此需要有针对性地调整企业数据权利规则的强度[1]。

1. 企业数据要素市场化运行逻辑

1）企业数据要素市场化参与主体

结合"数据二十条"中的相关表述，并梳理综合当前学术界对数据要素市场化参与主体的表述，前文已经将企业数据要素市场化参与主体归纳为六类：数据来源者、数据资源持有者、数据加工处理者、数据应用者、第三方

---

① 孙莹. 企业数据确权与授权机制研究. 比较法研究.

服务机构、数据监管方。

2）企业数据分类

数据分类方式有很多种。基于数据确权分析的维度，我们从企业数据权利客体视角，将企业数据分为原始数据、数据资源和数据产品。企业数据客体的细分将为分级分类确权提供基础框架。

（1）原始数据。原始数据是指企业在自主采集的过程中或经过个人、其他企业或公共管理机构授权后，所获得的未经处理的数据。具体而言，企业所持有的原始数据涵盖多个来源。一是企业通过自主采集方式直接获取的数据，这属于原始取得的数据；二是企业基于个人明确同意所收集的个人原始数据，这类数据属于继受取得的范围；三是企业经其他企业授权而获取的数据，同样属于继受取得的范围；最后，企业基于公共管理机构授权所获取的数据，也归类为继受取得的原始数据。这些原始数据构成了企业数据资源的基础，为后续的数据处理和分析提供了重要素材。

（2）数据资源。数据资源是指企业对自身持有的原始数据进行资源化加工，或经由其他数据资源持有者授权取得的具有机器可读取性和一定规模量级的资源化数据。

（3）数据产品。数据产品是指对数据资源投入实质性加工形成的衍生数据和数据衍生产品，包括数据分析报告、数据可视化产品、数据 API 等。

3）企业数据要素市场化运行环节

企业数据要素市场化运行环节主要是指数据在从采集到最终形成数据产品，并产生经济价值过程中各参与主体的主要活动内容，包括数据采集、数据收集、数据加工使用、数据流通交易、数据应用等。数据采集环节主要是指企业通过机器监测、人工记录等方式获取、存储原始数据。该环节主要参与主体为数据采集者或数据持有者。数据收集环节主要是指数据持有者开展的数据传输、汇集、分类、提供、共享等活动。数据加工使用环节主要是指以数据加工处理者为主开展的数据开发、清洗、分析等活动。数据流通交易环节主要是指数据处理者、数据使用者，以及中介服务机构等主体参与的数据流通交易活动。数据应用环节主要是指数据应用者通过购买、利用数据产品实现数据价值的过程。

2．确权——企业数据确权机制分析

数据确权是数据要素流通交易的前提，也是处理数据流动和数据保护的关键切入点。一般认为，数据确权是指确定数据的权利属性，包括两个层面，一是确定数据权利的主体，即谁对数据享有权利；二是确定权利的内容，即享有什么样的权利[①]。"数据二十条"提出要建立数据分类分级确权机制，但当前仍未有统一的分类分级标准。分类，是指对企业数据客体进行类型化界分；分级，是指对企业数据权利的权能效力进行差异化配置，在数据分类分级确权机制中，劳动的程度恰恰是可供采用的划分标准。

1）企业原始数据确权

如前文所述，企业原始数据主要包括四个方面内容。数据确权主体对不同来源的企业原始数据享有不同的权利。对于自主采集取得的数据，企业拥有完全的原始数据持有权，这意味着企业对该部分数据具有全面的支配权。然而，对于基于个人同意取得的原始数据，尽管企业同样享有原始数据持有权，但其支配权受到个人信息权益的限制。如个人可依法行使撤回同意权、删除权、信息携带权等权利，企业不得拒绝；企业的信息处理活动不能超出个人的同意范围或法律授权范围；基于知情权和决定权的要求，企业数据持有权的处分权亦受到限制，不得未经同意擅自向第三人提供个人原始数据。因此，可以说，企业对基于个人同意取得的原始数据享有的持有权是一种有限持有权[②]。对于基于公共管理机构授权获得的数据，企业所取得的数据持有权主要涵盖管理权、使用权和收益权，但并不包括处分权。同时，企业在

---

① 王申，许恒．构建数据基础制度进程中的数据确权问题研究．理论探索．
② 孙莹．企业数据确权与授权机制研究．比较法研究．

使用这些数据时，其使用权也受到一定的限制，也可以看作是一种有限持有权。对于其他企业授权取得的原始数据，应分两种情况看待。对于原始数据持有权整体转让的情形，企业将经由继受取得成为原始数据的新持有权人；对于其他企业仅授权企业许可使用原始数据的情形，此时原始数据的持有权人并未发生改变。在这种情形下，企业所获得的是数据加工使用权，但并不拥有数据的所有权或支配权。

2）企业数据资源确权

企业对持有的原始数据进行资源化"预加工"之后，将形成数据资源。集合大量企业自身采集数据、个人数据、公共数据等多元化原始数据汇集形成的数据资源经过加工处理，形成一个全新的数据客体时，企业因其所投入的劳动和努力，将依法获得对该数据客体的数据资源持有权。特别地，对于那些完全基于企业自身采集数据所生成的数据资源，企业将享有完整且不受限制的数据资源持有权，能够独占该数据资源的财产利益；对个人原始数据、公共机构授权的原始数据、其他企业授权的原始数据在后续形成的数据资源之上，既有企业对该部分原始数据资源化生产付出的劳动，也有其他数据来源主体的合法利益诉求，因此企业难以独占这些数据资源的全部利益，而需要受到其他主体的限制[1]。

数据资源要想产生经济价值，则需要对数据资源进行"深加工"并形成衍生数据和数据衍生产品。这一过程可以由数据资源持有者（即企业）实现，也可以由企业授权有加工处理能力的其他机构（也可以称为数据加工处理者）实现。此时，数据资源持有者和数据加工处理者对数据资源享有数据加工使用权。在此过程中需要注意的是，对于企业自主采集并进行初步加工的数据资源、经过匿名化处理以保护个人隐私的个人数据，以及经过脱敏化处理以确保数据安全和合规使用的公共数据资源，数据资源持有者和数据加工处理者享有加工使用权。对于未进行匿名化处理的个人数据、未经脱敏化处

---

① 孙莹. 企业数据确权与授权机制研究. 比较法研究.

理的公共数据资源，数据资源持有者仅享有有限的持有权，没有加工使用权及后续相关权利。

3）企业数据产品确权

企业对其所持有的数据资源进行实质性的加工处理，进而形成具有特定价值的数据产品。这些数据产品可以被视为企业投入实质性劳动所创造的新数据形态。在数据产品确权的过程中，关键在于确认企业是否对数据进行了实质性的加工处理，而无须过分关注这种加工是否具有创新性。因为数据产权与知识产权在本质上存在区别，过分强调创新性可能会导致两者界限模糊。数据产品主要由数据资源持有者或数据产品开发者（也可以称为数据加工运营方）投入大量劳动，对数据资源进行实质性加工才形成的，因此他们享有数据产品经营权。正如《深圳经济特区数据条例》中规定的："市场主体对合法处理数据形成的数据产品和服务，可以依法自主使用，取得收益，进行处分"。

3. 授权——企业数据授权机制分析

企业数据确权为数据要素流通提供制度前提，而企业数据授权机制的构建是数据流通的关键。数据授权是指数据主体或数据持有者委托数据处理主体依法依规处理其数据的行为。授权的范围一般包括依法依规采集数据、持有数据、托管数据、加工使用数据等。

1）数据采集收集环节授权

数据采集收集环节授权是数据主体向数据采集者或数据收集者授权。主要包括个人向企业授权、其他企业向企业授权、公共管理机构向企业授权。个人向企业授权，即个人在企业采集、收集数据时的知情同意。数据主体基于知情同意授权数据采集者、汇聚者享有数据持有权、加工使用权。此种授权情形仅包括"个人—企业"授权。其他企业向企业授权，即其他企业向本企业流转其合法持有的原始数据。在此过程中，有两种情形要考虑。一种是其他企业自主采集生成的原始数据或预加工形成的数据资源，在无须经过其他主体授权的情况下，企业数据的授权仅涉及企业与另一企业之间的双方关系，这种关系简单明了，仅须通过"其他企业—企业"授权即可完成。然而，若涉及其他企业持有的个人原始数据，此种情形需经由"个人—其他企业"和"其他企业—企业"双重授权。在企业数据采集收集环节，对于公共管理机构向企业无条件开放的公共数据，公共管理机构无须授权。有条件开放的公共数据中的原始数据（经脱敏化处理的除外）按照"数据二十条"提出的"原始数据不出域、数据可用不可见"要求则禁止流转，因此不能授权。

2）数据加工使用环节授权

数据加工使用环节授权是数据资源持有者（企业）向数据加工处理者（其他企业）授权。这里的数据加工处理者，可以是一个主体，也可以是两个主体，即数据运营主体和数据加工主体。从授权关系来看，授权方授权数据运营主体开展数据运营工作，授权数据加工主体开展数据加工（作为对数据运营主体的支撑）工作。

数据资源持有者向数据加工处理者的授权包括两种情形。一种情形是企业数据资源中含有企业自主采集并进行初步加工的数据资源、经过匿名化处理以保护个人隐私的个人数据、经脱敏化处理的公共数据时，无须经过其他主体授权，仅须经由"企业—其他企业"授权。另一种情形是企业持有的数据资源中含有未匿名化处理的个人数据时，此种情形需经由"个人—企业"和"企业—其他企业"双重授权。

数据资源持有者向数据加工处理者的授权内容主要是数据资源持有者授权数据加工处理者持有数据资源，并对数据资源进行加工使用，形成数据产品。

此外，在企业数据授权机制构建过程中，还应特别注意，行业龙头企业与中小微企业双向公平授权问题，既防止大企业数据垄断，又防止中小微企业无序搭便车。"数据二十条"提出，鼓励探索企业数据授权使用新模式，发挥国有企业带头作用,引导行业龙头企业、互联网平台企业发挥带动作用,促进与中小微企业双向公平授权,共同合理使用数据,赋能中小微企业数字化转型。目前,对于二者双向公平授权,现有法律机制主要从反垄断和反不正当竞争两个角度进行平衡。有学者认为,不管是反垄断还是反不正当竞争,最终都要实现市场充分、合理竞争,既不能让行业龙头企业、大型互联网平台企业实行垄断、限制竞争,也不能任由中小企业无序搭便车,要让双方在创新、发展的基础上获得应有的回报。

（四）个人数据确权授权机制

1. 个人信息数据范围界定

"数据二十条"提出了"承载个人信息的数据"概念。《民法典》明确规定自然人的个人信息受法律保护,并对个人信息范围做了界定。《民法典》规定,个人信息是以电子或者其他方式记录的能够单独或者与其他信息结合识别特定自然人的各种信息,包括自然人的姓名、出生日期、身份证件号码、生物识别信息、住址、电话号码、电子邮箱、健康信息、行踪信息等。《网络安全法》规定,个人信息是指以电子或者其他方式记录的能够单独或者与其他信息结合识别自然人个人身份的各种信息,包括但不限于自然人的姓名、出生日期、身份证件号码、个人生物识别信息、住址、电话号码等。同时,《个人信息保护法》规定,个人信息是以电子或者其他方式记录的与已识别或者可识别的自然人有关的各种信息,不包括匿名化处理后的信息。总的来看,我国法律层面对个人信息的界定基本趋于一致。

2. 个人信息数据确权分析

与公共数据和企业数据不同,个人信息数据承载着人格尊严和人格自由,保护个人信息就是在保护个人在各种社会关系中身份建构的自主性和完整性。一旦个人信息数据被违法收集、处理,就可能会对特定自然人的权益造成侵害或产生侵害的风险，因此，需要通过建立个人信息保护制度对个人数据的处理加以规范。

《个人信息保护法》明确了个人在信息处理活动中的权利包括以下七个方面。

（1）知情同意权。收集和使用公民个人信息必须遵循合法、正当、必要原则，目的必须明确并经用户的知情同意。

（2）决定权。有权限制、拒绝或撤回他人对其个人信息的处理。

（3）查阅复制权。个人有权向个人信息处理者查阅、复制其个人信息。

（4）个人信息转移权。个人请求将个人信息转移至其指定的个人信息处理者，符合国家网信部门规定条件的，个人信息处理者应当提供转移的途径。

（5）更正补充权。个人发现其个人信息不准确或者不完整的，有权请求个人信息处理者更正、补充。个人请求更正、补充其个人信息的，个人信息处理者应当对其个人信息予以核实，并及时更正、补充。

（6）删除权。在以下五种情形下，个人信息处理者应当主动删除个人信息；个人信息处理者未删除的，个人有权请求删除：①处理目的已实现、无法实现或者处理目的不再必要；②个人信息处理者停止提供产品或者服务，或者保存期限已届满；③个人撤回同意；④个人信息处理者违反法律、行政法规或者违反约定处理个人信息；⑤法律、行政法规规定的其他情形。

（7）规则解释权。个人有权要求个人信息处理者对其个人信息处理规则进行解释说明。

根据《民法典》和《个人信息保护法》的要求，个人信息纳入人格权保护，而个人信息能否视为财产、个人信息能否进行商业化交易、个人信息权利能否委托他人代为行使等一直存在争议。但"数据二十条"则承认了个人数据作为市场要素的地位，为个人信息数据的流通和利用提供了可能。此外，在《个人信息保护法》中，增加了对"不包括匿名化处理后的信息"的补充，明确了经匿名化处理后的信息不属于个人信息，无须适用个人信息保护法相关法规。因此，有学者认为这体现了《个人信息保护法》的实质目的是在保护个人信息权益的基础上，促进个人信息的合理利用。在一定程度上，这也为经匿名化处理后的个人信息数据的使用提供了法律依据。

3. 个人信息数据授权分析

"数据二十条"确立的"健全个人信息数据确权授权机制"的前提，将严格规范市场主体（数据处理者）处理个人数据的行为。《个人信息保护法》的立法目的主要包含两方面：一是"保护个人信息权益"，二是"促进个人信息合理利用"。但"规范个人信息处理活动"则处于《个人信息保护法》的核心地位，只有夯实"规范个人信息处理活动"这个关键环节，才能确保实现保护个人信息权益和促进个人信息合理利用的目的[1]。

对于市场主体（数据处理者）来说，个人信息数据流通利用中的合规使用要点包含四方面内容。一是取得个人的授权。"数据二十条"明确指出，市场主体在采集、持有、托管和使用数据时，必须严格遵循个人授权的范围，并依法进行。同时，明确禁止采用"一揽子授权"或强制同意等不当手段，以避免过度收集个人信息，确保个人数据的合法、合规和安全使用。二是个人可以向第三方机构授权。由受托者（第三方机构）代表个人利益，负责监督市场主体对个人信息数据进行采集、加工、使用。三是取得主管部门授权。"数据二十条"明确规定，对于涉及国家安全的特殊个人信息数据，应由主管部门依法进行审查，并授权相关单位在合法、合规的前提下进行使用。四是对个人信息数据做匿名化处理。"数据二十条"要求企业创新技术手段，推动个人信息匿名化处理，保障使用个人信息数据时的信息安全和个人隐私。

---

[1] 王春晖.《个人信息保护法》实施一周年回顾与展望（之一）. 中国电信业.

（五）维权——各参与主体合法权益保护

数据合法权益保护是数据流通的根本保障。"数据二十条"中提出建立健全数据要素各参与方合法权益保护制度。充分保护数据来源者的合法权益；合理保护数据处理者对依法依规持有的数据进行自主管控的权益；充分保障数据处理者使用数据和获得收益的权益；依法依规规范数据处理者许可他人使用数据或数据衍生产品的权益。数据要素各参与方合法权益保护主要包括数据来源者权益保护、数据处理者权益保护和数据使用者权益保护。

1. 数据来源者权益保护

数据来源者主要包括数据生产者，也包括数据受让方。如果数据来源者的数据来源正当合法，数据来源者的合法权益就需得到承认和保护，确保数据来源者享有获取或转移数据的权利。

（1）保障数据来源者的知情同意权、可携带权和收益权。知情同意原则是个人信息保护中的一项重要原则。在数据处理者与数据来源者的不平等关系中，数据来源者的同意是对数据处理者的最佳限制，要完善知情同意原则的规范结构及适用过程中的立法保护。在个人数据采集方面，坚持精准化、最小化、知情自愿原则。在个人数据处理应用方面，坚持合法正当、公开透明、匿名化、被遗忘原则。数据来源者提供数据，在处理承载个人信息的数据时，我们必须严格遵循《个人信息保护法》的相关规定，确保数据的处理和收益行为合法合规，并保障数据来源者的收益权。

（2）利用法律、平台、标准保护合法权益。保护数据来源者的合法权益，需要从法律层面、平台层面、标准体系建设层面等共同发力，共同维护数据来源者的知情同意权、可携带权和收益权，为数据要素产权制度的建设打下坚实基础。

2．数据处理者权益保护

"数据二十条"提出，合理保护数据处理者对依法依规持有的数据进行自主管控的权益。在保护公共利益、数据安全、数据来源者合法权益的前提下，承认和保护依照法律规定或合同约定获取的数据加工使用权，尊重数据采集、加工等数据处理者的劳动和其他要素贡献，充分保障数据处理者使用数据和获得收益的权利。

（1）依法保护数据处理者权益。一方面，要保护好数据处理者的合法权益，要依法保障数据处理者在合法框架内使用数据和获取收益的权利，依法确认他们在数据采集、加工等过程中所付出的劳动和享有的收益权；同时，我们也应尊重并保护那些依照法律规定或合同约定所获取的数据相关权利。另一方面，应当确立数据处理者的合法准入机制，制定数据处理者准入的标准，确保数据处理者依法依规采集、持有、托管和使用数据，保障数据安全和各方权益。

（2）数据处理者准入标准界定。保障数据处理者的合法权益，也意味着数据处理者需要依法依规履行义务，保障数据安全、维护各方的合法权益。数据处理者要具备相应的数据加工处理能力、安全保护能力。这就要求数据处理者处理数据时必须是合法合规的，其采集、加工、生产、利用的全过程必须合法，必须在法律法规规定的范围内运作。此外，还需要建立数据处理者的标准规范，建立"负面清单"。一方面，设立数据处理者利用数据的边界，促进整体数据的利用；另一方面，确立对数据处理者"违规操作"的界定。

（3）探索并确立数据知识产权制度。数据产品的创造性达到知识产权的保护门槛，自然也可以适用知识产权法的保护路径，由数据产品开发者对其创造的数据产品享有知识产权。关于数据知识产权制度的探索，《知识产权强国建设纲要（2021—2035 年）》和《"十四五"国家知识产权保护和运用规划》都对构建数据知识产权保护规则、实施数据知识产权保护工程等工作作出部署①。

3．数据使用者权益保护

数据使用者权益保护主要从依法规范数据使用者许可他人使用的权利和依法保护数据产品合法再利用的权益两个方面进行规范。"数据二十条"明确提出，保护经加工、分析等形成数据或数据衍生产品的经营权，依法依规规范数据处理者许可他人使用数据或数据衍生产品的权利，促进数据要素流通复用。建立健全基于法律规定或合同约定流转数据相关财产性权益的机制。

四、中国特色数据产权制度框架体系

（一）数据产权制度建设基本思路和基本原则

1．基本思路

数据确权时需要正确处理好数据的原始生产者、采集者与挖掘者之间的关系，个人利益与社会公共利益的关系，充分确保数据赋权主体能够有利于数据流通与共享，同时还需要肩负起维护国家安全、社会安全，以及维护社会公众利益的义务，防止个人隐私受到侵犯，以及数据垄断性行为与滥用市场支配地位行为的发生。对数据产权的厘定需要以促进数据自由流动和便捷交易为价值取向，以厘清数据客体所承载的权利为出发点，分层分类对原始数据、数据资源、数据产品等不同类型数据的权属界定和流转进行动态管理；形成覆盖数据生成、采集、使用等各方面权利的，面向不同时空、不同主体的确权框架②；最终构建结构清晰、保障权益、合规使用的，体现

---

① 任文岱. 跳出所有权思维定式 探索构建数据知识产权制度. 民主与法制时报.
② 刘方，吕云龙. 健全我国数据产权制度的政策建议. 当代经济管理.

数据多方共有、资源多方共用、成果多方共享的，具有中国特色的数据产权制度体系。

2. 基本原则

一是分级分类原则。数据的分级分类原则是确保数据产权得到准确划分和有效保护的基础。由于不同类型的数据在权利结构上存在显著差异，因此，在划分数据产权时，必须针对不同的数据类型和处理阶段进行细致区分。只有这样，我们才能对每一类型的数据产权进行科学划分。

二是公平与效率兼顾原则。平台企业利用集合的数据能够将数据的价值发挥到极致，为经济和社会创造更大的价值，所以如果按照效率原则，应该将数据产权划分给企业。但是如此操作，势必使个人出于对隐私保护的考虑，抗拒产生数据，进而影响数据市场的可持续发展。但是如果仅仅出于对个人隐私的保护，按照公平原则划分数据产权，必将阻碍数据的利用，无法促进数据发挥其应有的经济和社会效益。所以，在划分数据产权时，应该兼顾效率与公平，数据产权应该在不同主体之间共存。

三是有限原则。在大数据技术发展迅猛及数据算法越来越强大的基础上，即便是已经匿名化的数据集，也可能通过运用数据算法重新识别用户的真实身份。因此，从有效保障信息使用安全和保护私人隐私的角度出发，应当采用有限原则划分平台企业对匿名化数据集的所有权。

四是防范过度原则。虽然具有隐私属性和公共安全属性的数据确实需要被保护，但是在数据安全问题上要防范过度。数据如果不能被利用就是"废物"，被滥用则会挑战社会伦理、影响公共安全及侵犯个人隐私。对个人的底层信息（即隐私信息）和国家安全信息要绝对保护，对匿名化、脱敏化及人工智能化的信息确权要利于数据的流通和共享[1]。

---

① 刘方、吕云龙. 健全我国数据产权制度的政策建议. 当代经济管理.

（二）数据产权制度体系框架

数据产权制度是数据基础制度的根基，构建科学合理、具有中国特色的数据产权制度体系框架，不仅是推动数据要素高效流通和交易的关键动力源，更是确保数据要素收益公平分配的核心保障。经研究，我们认为数据产权制度体系框架内容涉及政策规划、法律法规、管理规则和标准规范等层面（见图 2-1）。

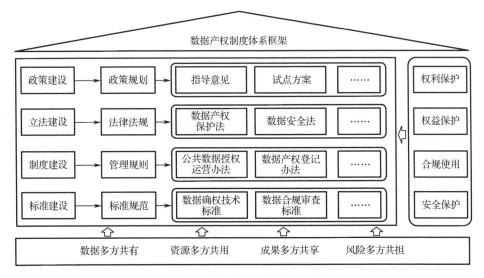

图 2-1　数据产权制度体系框架

（1）在政策规划层面，推动政策建设，重视指导数据产权制度建设。从政策规划层面制定国家级、行业级、区域级与数据产权制度相关的指导意见、试点方案、行动计划等，鼓励引导国家、行业、区域在数据产权制度建设方面实现突破。

（2）在法律法规层面，推动立法建设，重视数据权利法律保护。探索制定数据产权保护法、数据安全法，明晰数据权利归属，健全数据权利法律框架；探索完善现有数据产权相关法律法规，进一步明确数据权利范畴及职责义务体系等。

（3）在管理规则层面，强调制度建设，促进数据开发利用。健全公共数据授权运营办法，加强公共数据开放；建立数据产权登记办法，探索数据资产入表；建立产权保护相关制度规则等。

（4）在标准规范层面，强调标准建设，保障交易合法合规。制定数据确权技术标准、数据合规审查标准。开展数据确权授权的标准制定、技术研发、平台应用、授权认证等；完善数据分类分级标准，针对重点应用领域，开展数据产品流通和使用的分类分级标准建设，形成国家标准、行业标准；建立数据流通准入标准规则，完善数据产品的合规审查和审计办法，确保流通数据来源合法、交易主体资质明晰。

五、数据产权制度建设路径探索

（一）探索推进数据产权相关政策规划制定

为解决当前数据产权界定不清晰、现有数据产权难以实施落地的问题，可从政策规划层面制定出台与国家级、行业级、区域级数据产权制度相关的指导意见、行动计划、试点方案等纲领性、框架性文件。通过指导意见或试点方案，明确数据产权确权的工作目标、重点任务、保障措施，积极探索落实"数据二十条"中提出的数据产权结构性分置制度，鼓励行业、地方在数据产权登记、产权评估、产权流转、产权交易等方面实现突破。

（二）加快推进数据产权相关法律法规体系建设

一是探索制定数据产权保护法。推动国家立法机关在各地实践探索及现行法律的基础上，加快制定数据产权保护法，明确个人、企业和政府等不同类型主体在数据资源方面对数据资源持有权、加工使用权、产品经营权、要素收益权等权利的分类，加快形成公开、全面、迭代的数据产权制度。加强对各类数据主体合法权益的保护，对于任何采用非法手段获取数据资源并给数据资源持有者造成损害的人，将依法承担相应的法律后果，包括民事责任、行政责任及刑事责任等。

二是修订现有相关法律法规条款。对《民法典》《反不正当竞争法》《中华人民共和国刑事诉讼法》《中华人民共和国治安管理法》等现有法律中缺失数据确权授权和数据参与主体权益保护的相关条款进行完善，对存在不适应数据要素市场发展的条款进行修订。例如，"数据二十条"在规范层面明确反垄断和反不正当竞争，并强调打破"数据垄断"，促进公平竞争。当前一些互联网平台企业屡现对外屏蔽封杀、对内自我优待等系列垄断行为，需采取规制措施以免损害竞争。因此，有学者认为可考虑将数据抓取、数据封锁、数据自我优待和大数据杀熟等典型性的行为纳入《反不正当竞争法》的数字专章规则中[①]。

（三）健全完善数据产权相关管理规则体系建设

一是健全数据开放管理规则。在处理好数据隐私和数据安全的基础上，构建好数据开放和交易制度。健全数据开放许可制度，明确规定能够开放共享的数据类型、附有一定条件开放的数据类型，以及不允许开放的数据类型。尤其是个人的隐私数据、企业的商业秘密和各级政府的机密等数据的开放应该满足相应的授权规范。在严格监管的条件下，逐步扩充数据开放的范围，尽可能发挥数据的经济和社会价值[②]。

二是完善数据产权登记制度。以"数据二十条"为基础，牢牢把握数据要素权益属性、资产属性和流通属性，从法律、制度、机构和平台四个方面协同发力，构建全国一体化数据要素登记体系。地方要进行试点示范，结合地方数据要素市场发育程度、数据产业发展情况、数据产品交易模式和数据资源登记习惯等特点，研究数据产权登记的新方式，充分开展试点探索，选择如工业、交通、金融等优势行业和关键领域进行试点，鼓励国有企业及具

---

① 杨东. 构建数据产权、突出收益分配、强化安全治理，助力数字经济和实体经济深度融合——基于对"数据二十条"的解读. 大众投资指南.

② 刘方，吕云龙. 健全我国数据产权制度的政策建议. 当代经济管理.

备条件的企业，积极在数据交易机构率先开展数据资产登记工作。在地方、行业试点探索基础上，逐步构建全国一体化数据要素产权登记体系，实现"全国一盘棋"。

三是健全公共数据授权运营机制。引导各级各部门健全公共数据开发利用及运营管理的规章、细则与指南，规范公共数据的授权运营行为，明确公共数据授权的依据、方式及授权的主客体。同时，对运营单位的安全条件、能力要求和行为规范也进行了详细规定，鼓励第三方联合其他主体共同探索公共数据运营新模式，促进政企数据融合应用。根据公共数据所属类别、行业和领域的不同，推动建立场景化、多样化、规范化的数据开发利用机制和按价值贡献参与收益分配的渠道及机制，数据开发所得扣除运营主体合理收益后应主要用于公共服务支出。在确保安全的前提下，依托公共数据开发的数据产品及服务允许进入数据要素市场流通交易。

四是健全个人信息授权制度。加强对互联网企业使用个人数据的管理，严格要求互联网企业采用明示授权等方式，充分征求注册用户意见，切实保护个人用户的合法权益。积极鼓励平台企业采用各种脱敏技术处理用户数据后，为其他客户提供解决方案。同时也要防止平台企业通过大数据算法将脱敏后的数据集复原为具有个人信息特点的数据，进一步追溯到个人，并对个人造成危害[1]。

五是建立数据资产公证制度。有学者建议，我国数据要素市场可探索建立数据资产公证体系，通过出具法人准入公证、数据准入公证、数据真实性公证、数据泄露公证、模型安全性公证等，确保数据主体与数据来源合法合规，保障交易数据真实可靠及数据承载的数据主体权益，为数据要素交易提供参考依据，有助于维护数据交易市场秩序，促使其稳定、健康、快速发展[2]。引入公证制度对于当前数据权属尚不明确的数据确权工作具有一定的借鉴意义。

---

[1] 刘方，吕云龙. 健全我国数据产权制度的政策建议. 当代经济管理.

[2] 童楠楠，窦悦，刘钊因. 中国特色数据要素产权制度体系构建研究. 电子政务.

（四）建立数据产权相关标准规范体系建设

一是制定数据确权技术标准。开展数据确权授权相关研究，鼓励我国企事业单位开展数据确权授权方面相关标准研制，鼓励开展数据确权授权的标准制定、技术研发、平台应用、授权认证等方面工作，探索数据确权授权的落地方案和创新模式，建立健全数据确权、交易、流通的统一标准规范，从源头规范数据治理，提升数据交易价值。

二是完善数据分类分级标准。在深入探索数据要素产权制度的进程中，积极倡导并鼓励政府部门与数据流通交易机构开展合作，在现有数据分级分类管理标准的基础上，对重点应用领域率先开展数据产品流通和使用的分类分级标准建设，尽快形成国家标准、行业标准，为建立中国特色的数据分类分级授权机制提供参考依据。

三是建立数据合规审查标准。大力推动建设依法合规、高效贯通的数据流通规则标准体系，全面覆盖数据的采集、整理、聚合、存储、分析、流转等环节。建立数据流通准入标准，明确可流通数据的技术要求、质量评价、风险评估规范，完善数据产品的合规审查和审计办法，确保流通数据来源合法、交易主体资质明晰。

第三章
数据流通交易制度研究

随着数据、算力和算法在产业发展中的作用日益凸显，全球经济加速向第四次产业革命迈进。数据对产业升级转型、提升产业链供应链稳定性、推进我国经济高质量发展具有重要意义，已成为重要的基础性、战略性资源①。2020 年 4 月，中共中央、国务院发布《关于构建更加完善的要素市场化配置体制机制的意见》，正式将数据列为生产要素之一，高度重视数据要素市场建设和培育，其中特别强调要"引导培育大数据交易市场，依法合规开展数据交易"。2023 年 10 月，国家数据局正式揭牌，协调推进数据基础制度建设，统筹数据资源整合共享和开发利用。数据流通和交易是促进数据价值充分挖掘和释放的关键环节，也是加快建设数据要素市场的核心内容，如何构建高效、合规的数据交易体系也成为亟待研究的新命题。

数据交易制度体系是在数据要素市场化的背景下，以数据作为交易对象，以数据资源的价值实现与增值为目标，围绕数据交易全流程而构建的基础制度体系。2022 年 12 月，中共中央、国务院发布《关于构建数据基础制度更好发挥数据要素作用的意见》，明确指出数据要素流通和交易制度是数据要素市场建设的核心环节。近年来，世界主要国家纷纷探索数据要素流通和交易制度，不断创新发展模式。我国各地区也相继开展先行先试，着力构建符合我国市场的数据要素流通和交易制度。

一、世界主要国家数据要素流通和交易制度探索

数字经济时代以来，各国都认识到了发展数字经济的重要性，但在具体治理路径上，各国根据自身国情、法律体系和文化背景等因素，采取了不同的策略。美国和欧盟作为两个重要的经济体，在数字经济发展和治理上展现了不同的特点。美国始终秉持发展开放的态度，鼓励创新和市场竞争，注重核心技术研发和信息基础设施建设，同时防范大型平台企业的数据垄断。欧盟在数字经济发展和治理上更加注重个人数据保护。在《通用数据保护条例》

---

① 李依怡. 论企业数据流通制度的体系构建. 环球法律评论.

颁布之后，欧盟迅速推出了一系列与数据治理相关的法案，不仅关注对个人数据的保护，还逐渐拓展到非个人数据流动、数字市场、数字服务和数据访问制度等领域，旨在激活欧盟数据市场、促进数据流通和利用的同时，确保数据交易安全合规。

总体来看，美国和欧盟在数字经济发展和治理上各有侧重，反映了不同国家在法律体系、文化背景和经济发展阶段等方面的差异，但都致力于推动数字经济的发展并保护相关权益。随着数字经济的不断发展，各国在数字经济发展和治理上的合作与竞争也将更加激烈。

（一）构建数据资源整合机制，为数据要素市场培育创造基础条件

欧洲方面，2012 年到 2014 年间，意大利、西班牙、瑞典和土耳其四国政府共同资助开放数据体系结构和基础设施项目，通过建立统一数据池，打破各政府部门间的数据孤岛现象。2015 年 6 月，欧盟委员会启动了《数字化单一市场战略》，旨在消除成员国间的管制壁垒，将 28 个成员国的市场统一成数据大市场。2016 年通过的《通用数据保护条例》在强调个人数据保护的同时，旨在消除欧盟各国数据保护差异而带来的数据流动障碍，促进数据自由流动。2018 年，欧盟委员会发布《建立一个共同的欧盟数据空间》，促进公共部门和私营部门的数据开放。2019 年 5 月提出的《非个人数据自由流动条例》为非个人数据制定了不同的流转规则体系，旨在减少欧洲数据驱动型竞争经济的壁垒，增强数据的可访问性和再利用性，促进欧盟境内非个人数据自由流动，消除欧盟成员国数据本地化的限制，有利于实现单一数字市场，提振欧盟数字经济。2019 年欧盟颁布《开放数据指令》，意图提升企业对公共部门信息的利用，并通过增加动态数据和供应高经济影响性数据集，促进信息市场的竞争和透明度。2020 年发布的《欧洲数据战略》试图通过加强数据流通，建立真正的欧洲单一数据市场，重点聚焦于公共数据的开放共享。2020 年年底，欧盟发布《数据治理法》草案，进一步要求确保公共部门数据在受他人权利约束的情况下，允许出于"利他目的"重复使用。

2022 年，欧盟通过《数据治理法案》，提出公共部门数据再利用机制和数据利他主义制度，支持推动在一定条件下开放公共部门数据以供经济主体利用，同时允许个人数据被用于公益用途。2023 年 11 月欧洲议会通过《数据法案》最终版本，制定了统一的数据治理框架，不仅关注数据的流通和利用，同时强调对个人隐私和商业秘密的保护，在促进数据自由流通和维护个人隐私保护之间找到平衡点，从而推动经济增长和创新。

美国围绕数据开放整合，2009 年 1 月发布《透明与公开政府备忘录》，明确政府公开工作的三大原则：透明、共享与协作。2009 年 12 月发布《开放政府指令》，要求各部门各机构在公开数据网站上传首批可供公众获取的数据。2013 年 5 月签署《执行令—将信息开放与可机读作为默认政府工作》，明确了开放数据的阶段性任务，强调应"将数据作为资产进行管理"，同年发布的《开放数据政策—将信息作为资产管理》制定了开放数据七大原则，对开放数据的质量提出全面要求，并提出促进数据可操作性等要求。2014 年 5 月《美国开放数据行动计划》在较为系统的政策框架基础上，对数据开放工作进行了全面总结，并提出改进与完善举措。在制定政策的同时，奥巴马政府任命了联邦信息官推动政府数据开放工作，并在财政预算方面给予大力支持。2018 年审议通过《开放政府数据法案》，制定了政府数据清单以方便需求者检索和使用数据，并设置"首席数据官"和"首席数据官委员会"，专注于数据管理和协调，确保其机构建立有效的程序和工作，同时确保数据透明、准确和质量，其核心内容包括通过增加数据管理要求、细化数据资产管理、优化管理机构设置使政府数据的开放能够适应技术演进的需要，以达到高效数据开放和治理的目的。2019 年 12 月，发布《联邦数据战略与 2020 年行动计划》，以 2020 年为起始，联邦数据战略描述了美国联邦政府未来十年的数据愿景，并初步确定了各政府机构在 2020 年需要采取的关键行动。

（二）创新发展数据经纪制度，促进数据交易规模扩大

数据平台分销集销混合模式是美国当前发展最迅速的数据资产交易模

式之一。在这种交易模式中，数据经纪人扮演了关键角色，不是简单地撮合交易，而是通过数据平台搜集各种数据，经过加工处理后进行转让，这一模式极大丰富了数据交易产品种类，提高了数据交易的便利性。数据经纪人主要通过政府来源、商业来源和其他公开可用来源三个途径收集数据，而非直接从用户处收集，将收集到的原始数据和衍生数据进行整合并进一步处理，从而形成符合市场需求的数据产品。目前，美国代表性的数据经纪人包括Acxiom、Corelogic、Datalogix、eBureau、ID Analytics、Intelius、PeekYou、Rapleaf、Recorded Future 等。为了避免数据经纪人侵犯个人隐私，美国出台了《数据经纪人：呼吁透明度与问责制度》，对提供以上三种数据产品的数据经纪人提出具体的约束性要求，在促进数据交易发展和隐私保护之间寻求平衡。

美国的数据产品主要有三类：市场营销产品，即数据经纪人通过收集和分析用户的消费、兴趣爱好等信息，为客户提供精准的用户画像，使广告能够更准确地触达目标受众；风险降低产品，即数据经纪人为客户提供重要的风险预警和防范服务；人员搜索产品，即数据经济人为用户提供查找信息的便利。上述三类产品均可能造成数据滥用，进而侵犯个人隐私。同时，数据经纪人之间的数据交易使数据的流动更加复杂和难以追踪，不仅增加了数据泄露和滥用的风险，也使数据责任的界定变得更加困难。

（三）持续探索数据中介制度，保障数据安全合规流通

欧盟在数据立法领域开展大量实践探索，其立法的核心目的是"在保护个人数据权利的同时促进数据自由流通"。随着信息技术的飞速发展，数据不再仅仅是数字或信息的简单集合，而是一种具有极高价值的资源，能够驱动经济增长，推动社会进步，同时也为经济社会带来了前所未有的挑战，数据流通的复杂性远远超出想象。在数据交易过程中，数据的采集、存储、传输和使用等各个环节都存在着潜在的风险隐患。数据滥用、数据泄露等事件频发，不仅威胁个人的隐私安全，也影响企业利益和国家安全。因此，如何

在保障数据安全与合规的前提下，实现数据的自由流通与共享，成为全球数据要素市场面临的重大挑战。

欧盟开创了数据中介制度，为数据要素市场提供数据中介服务，试图在保护个人数据权利的同时，消除数据流通中的障碍，促进数据以安全合规的形态自由流通与共享。这一数据中介服务者通常是中立化的专业机构，围绕数据采集、存储、传输、加工、流通、应用等多个环节提供数据服务[①]。在这一过程中，数据中介服务提供者发挥着至关重要的作用，不仅是数据流通的桥梁，更是数据治理的重要参与者。通过专业的服务在数据持有者和数据使用者之间建立有效联系，促进数据共享与利用，同时承担数据保护、合规监管等多重责任，确保数据流通的合法、安全、有序。

欧盟不仅加强了对数据中介服务提供者的监管，还从制度层面进行深度拓展。通过设立全过程合规监管体系，对数据中介服务进行全方位的监管与管理。这一体系不仅涉及数据保护、数据竞争、网络安全等多个层面，还注重对数据流通全过程的监控与追溯，确保每一个环节都符合法律法规的要求。此外，欧盟还积极推动提升数据流通过程的透明度，要求数据提供者有效行使数据访问、修正、删除等权利，确保对数据的控制权。同时，鼓励数据中介服务提供者公开其服务流程、收费标准等信息，增强市场的透明度与公平性。欧盟在数据立法方面的深度探索与实践，有效促进了数据的共享与流通，这一模式不仅有助于推动欧盟内部数据市场健康发展，也为全球数据治理提供了有益参考。

（四）建立数据跨境流通机制，推动数据要素国际流动

作为数字经济强国，美国在政策上鼓励数据跨境流动。2000 年 12 月，美国与欧盟签订《安全港协议》，确立了美国和欧盟之间个人数据跨境流动框架。2012 年出台的《美韩自由贸易协定》规定缔约国应为数据跨境自由

---

① 王轶，张浩. 借鉴欧盟数据中介制度促进我国数据流通利用. 数字经济.

流动创造有利条件。随着《安全港协议》的失效，欧美开启新一轮谈判，并于 2016 年达成"隐私盾协议"，即《APEC 隐私框架》，旨在消除信息流动障碍。2019 年美国制定出台《关于电子商务的联合声明》，旨在减少数字贸易壁垒，倡导跨境数据自由流动。美国对于数据要素政策的态度更偏重实用主义，回避数据的所有权问题。在立法上，美国没有针对数据本身进行综合立法，而是将个人数据隐私保护以信息隐私权的名义置于传统隐私权的框架下，在联邦层面不对信息隐私权制定统一法律。例如，州立法案《加州消费者隐私法案》（CCPA）注重对数据的商业化利用，采取原则上允许、有条件禁止的态度，与欧盟《通用数据保护条例》（GDPR）原则上禁止、合法授权时允许，并且允许个人反对或撤回授权形成鲜明对比。在知情权上，企业在使用或交易个人数据前，只需履行通知义务，而非征得数据主体同意。在遗忘权和拒绝权方面，CCPA 也采取了比 GDPR 更为宽松的措施，鼓励数据要素在市场流通。如今，美国已经发展出了以数据经销商为主的数据交易模式，在数据交易的商业化探索上领先于欧盟。

欧盟分别于 2016 年和 2018 年通过了《通用数据保护条例》（GDPR）和《非个人数据自由流动条例》。GDPR 在成员国层面直接适用，消除了成员国数据保护规则的差异性，实现了个人数据在欧盟范围内的自由流动。《非个人数据自由流动条例》则致力于消除各成员国的数据本地化要求，确保成员国能够及时获取数据，保障用户能够自由迁移数据。2020 年颁布的《欧盟数据战略》为欧盟持续推进数据法律制度设定了路线图。2022 年 2 月 23日，欧盟正式公布《欧盟数据法案》草案，为非个人数据的利用提供了公平的访问和共享框架，明确企业到企业（B2B）、企业到政府（B2G）的数据流通措施，同时确定了数据处理服务提供商的相关义务。2022 年，《数据治理法案》明确将数据中介服务列为促进数据流通利用的三种新方案之一，并规定了初步的监管方案。

日本是亚太经济合作组织（APEC）主导的跨境隐私规则体系（CBPR）的成员国，通过建立认证制度，日本为其企业在遵循 APEC 主导的跨境隐私规则体系方面提供了坚实的保障，使这些企业在与其他成员国企业进行跨境数据传输时能够更加合规。在这个制度框架下，通过认证的企业能够证明其已经满足了 CBPR 所规定的隐私保护标准，从而在与 APEC 其他成员国的企业合作时，能够顺利开展跨境数据传输活动，大大降低因数据保护标准不一而产生的合规风险，提高企业在国际市场上的竞争力。与此同时，日本也积极与欧盟进行数据保护规则的对接。由于欧盟的《通用数据保护条例》在数据保护方面有着严格的规定，日本为了与欧盟实现数据流通的互认，制定了补充规则，旨在弥合欧盟和日本在数据保护规则上的差异，确保双方的数据保护标准能够相互兼容。通过制定补充规则，日本不仅展示了其在数据保护方面的积极态度，也为其企业在欧盟市场开展业务提供了便利。2019 年 1 月 23 日，欧盟通过了对日本数据保护的充分性认定，实现了日本和欧盟之间的双向互认。

（五）加强数据安全保护机制建设，保障数据主体权益

美国高度重视个人隐私和数据安全保护。2020 年 1 月，美国加州推出具有标志性意义的《加州消费者隐私法案》，旨在进一步强化加州居民的隐私权，保护消费者的合法权益。法案明确规定了消费者的多项权利，包括知情权、访问权和删除权，消费者能够更好地掌握和管理个人信息。同时该法案的适用范围十分广泛，不仅涵盖了在加州开展业务的所有公司，还包括了满足特定条件的、收集消费者个人数据的营利性实体。此外，与欧盟的 GDPR 相比，该法案在个人数据的定义上也有所不同，它将个人数据的范围扩展至家庭，进一步扩大了数据保护的范围。2021 年 3 月推出的《信息透明度和个人数据控制法案》为消费者个人信息保护设定统一的标准，并在国际上形成示范效应，推动全球个人信息保护制度的完善。2021 年 4 月发布《保护美国人的数据免受外国监视法案》，旨在规制将美国人的敏感个人信息输出潜在敌对国家的行为。该法案提出了多项由商务部主导的措施，包括建立一套跨部门识别程序，以识别由第三方出口的个人数据是否会损害美国国家安

全；编制数据出口安全国家清单并对数据的批量出口施加许可要求；确保该出口规则不适用于受宪法保护的新闻业或相关言论；对其下属涉及非法出口个人数据的高级管理人员适用出口管制处罚；要求商务部公布个人数据出口的季度报告等。2022 年 1 月通过的《服务条款标签、设计和可读性法案》要求商业网站和移动应用创建简单易读的服务条款协议摘要。该法案提高了数据的在线透明度，确保消费者了解他们的个人数据是如何被收集和使用的。2023 年 1 月发布的《弗吉尼亚州消费者数据保护法案》对"个人数据""同意""去识别的数据""精确地理位置数据""敏感数据""假名数据"等名词进行了定义，区分了控制者和处理者，在控制者和处理者之间施加合同规范，为消费者提供有关数据实践的透明性。2023 年 7 月发布的《科罗拉多州隐私法案》明确了数据处理者的义务，包括透明性义务、目的告知义务、数据最小化义务、避免数据二次使用义务、数据防护义务、避免非法歧视义务、敏感数据处理义务、数据保护评估义务、数据处理合同约束义务等。

欧盟数据规范向来以严格著称，且能够紧跟时事，及时回应新兴技术带来的一系列法律问题和监管挑战。其监管手段不仅对国内企业的数据合规极为重要，也能够为国内立法、司法活动提供借鉴意义。2000 年 12 月，《欧盟基本权利宪章》明确规定了保护公民个人数据和隐私利益，并将个人数据权利上升到基本人权高度，旨在保障欧洲公民权利。2017 年 1 月，欧盟委员会提出《隐私与电子通信条例》这一更为严格的电子通信隐私监管法案，旨在增强对电子通信内容及元数据的保护力度，同时为商业领域开拓新的发展机遇。此条例不仅是对 GDPR 的有效补充，还将取代原有的《电子隐私指令》，进一步夯实电子通信领域的隐私保护基础。新法案首次将互联网内容服务商，如即时通信平台，纳入与传统电信服务商相同的隐私监管框架内，无论是电话通话，还是在线聊天的通信内容及与之相关的元数据都受到法律保护。2018 年 5 月出台的《通用数据保护条例》（GDPR）明确个人数据处理是欧盟隐私和人权法的重要组成部分，面向所有收集、处理、储存、管理欧盟公民个人数据的企业，限制这些企业收集与处理用户个人信息的权限，旨在将个人信息的最终控制权交还给用户本人。2020 年 11 月推出的《数据治理法案》以欧盟公民和企业重大利益为基本出发点,旨在释放数据和人工智能等技术的经济潜力和社会潜力,促进各部门和成员国之间的数据共享。2021 年 2 月,欧洲数据保护专员(EDPS)就《数字服务法案》和《数字市场法案》发表了官方咨询意见,旨在帮助欧盟立法者塑造植根于欧盟价值观的数字未来。2021 年 6 月发布的《标准合同条款》旨在使数据发送者和接收者都能符合且遵守 GDPR 第 46 条的要求,从而保护用户的个人数据。这一系列举措充分展示了欧盟在数据保护领域的决心与探索。欧盟的这些法规不仅为公民提供了更加坚实的法律保障,同时也为企业在保障隐私的前提下进行技术创新提供了明确的指导方向。

二、我国数据交易制度建设情况分析

我国发展数字经济的优势显著,在国家层面强调数据要素市场化及数据基础制度的构建,同时在政策层面较早认识到数据作为新型生产要素的关键战略地位,持续加强相关领域的顶层设计。各地方也纷纷探索数据交易管理办法,不断完善数据交易的制度体系。

(一)国家层面不断完善数据交易制度的顶层框架

近年来,国家层面不断推出相关政策,强调数据要素的基础地位及数据基础制度的构建。总体来看,呈现如下三方面特征。一是大力支持数据交易流通。早在 2020 年,中共中央、国务院发布实施《关于新时代加快完善社会主义市场经济体制的意见》,加快培育发展数据要素市场,建立数据资源清单管理机制,完善数据权属界定、开放共享、交易流通等标准和措施,发挥社会数据资源价值,推进数字政府建设,加强数据有序共享,依法保护个人信息。2022 年 6 月,中央全面深化改革委员会第二十六次会议审议通过《关于构建数据基础制度更好发挥数据要素作用的意见》,强调数据基础制度建设事关国家发展和安全大局，要维护国家数据安全，保护个人信息和商业秘密，促进数据高效流通使用，赋能实体经济，统筹推进数据产权、流通交易、收益分配、安全治理，加快构建数据基础制度体系。国务院办公厅印发《要素市场化配置综合改革试点总体方案》，探索建立数据要素流通规则，提出要完善公共数据开放共享机制，建立健全数据流通交易规则，拓展规范化数据开发利用场景，加强数据安全保护。二是认定数据交易是数据流通的关键环节。2021 年 12 月中央网信办发布的《"十四五"国家信息化规划》建立健全了数据有效流动制度体系，加快建立数据资源产权、交易流通、跨境传输和安全保护等基础制度和标准规范，探索建立统一规范的数据管理制度，制定数据登记、评估、定价、交易跟踪和安全审查机制，同时培育规范的数据交易平台和市场主体，建立健全数据产权交易和行业自律机制。2022 年 1 月国务院印发《"十四五"数字经济发展规划》，提出要充分发挥数据要素作用、强化高质量数据要素供给，加快数据要素市场化流通，创新数据要素开发利用机制；加快构建数据要素市场规则，培育市场主体，完善治理体系，到 2025 年初步建立数据要素市场体系。2022 年 12 月印发的《中共中央、国务院关于构建数据基础制度更好发挥数据要素作用的意见》明确提出要以促进数据合规高效流通使用、赋能实体经济为主线，构建符合数字经济发展规律的数据基础制度，充分发挥我国海量数据规模和丰富应用场景优势，激活数据要素潜能。"数据二十条"强调了建立数据产权制度、数据要素流通和交易制度、数据要素收益分配制度和数据要素治理制度的必要性，并提出四项推进措施，鼓励有条件的地区先行先试，发挥带头作用，在产业端推动数据要素的流通。三是明确数据基础制度是构建统一数据交易市场的前提条件。2021 年中共中央办公厅和国务院办公厅发布的《建设高标准市场体系行动方案》明确建立数据资源产权、交易流通、跨境传输和安全等基础制度和标准规范，并积极参与数字领域国际规则和标准制定。2022 年中共中央、国务院印发《关于加快建设全国统一大市场的意见》，提出加快培育数据要素市场，建立健全数据安全、权利保护、跨境传输管理、交易流通、开放共享、安全认证等基础制度和标准规范，深入开展数据资源调查，推动数据资源开发利用。"数据二十条"提出要加强数据交易场所体系设计，统筹优化数据交易场所的规划布局，严控交易场所数量。出台数据交易场所管理办法，建立健全数据交易规则，制定全国统一的数据交易、安全等标准体系。目前，我国尚未建立全国统一的数据交易平台，各数据交易所在交易规则、交易标的等方面存在较大差异，亟需顶层制度来统一完善。

从机构层面来看，国家数据局由国家发展和改革委员会管理，负责协调推进数据基础制度建设，统筹数据资源整合共享和开发利用，统筹推进数字中国、数字经济、数字社会规划和建设等。一方面，充分发挥国家数据局的统筹作用，促进不同区域、不同行业、不同领域、不同部门的协同治理，改善先前数据市场"九龙治水"的现象，提高国家对数据交易机制的统筹建设。另一方面，依托国家数据局的职责权限，统筹推进我国统一数据要素市场建设，促进中央和地方、政府和企业之间的资源配置和数据共享，解决先前数据交易场所交叠、管理混乱的现象，打通数据链路，实现数据整合，进一步激发数据要素潜能，更好释放数据要素价值。

（二）地方层面不断探索促进数据交易的落实举措

从地方层面来看，各地陆续出台数据条例，培育和完善数据要素市场。北京市、上海市、广东省、贵州省、河南省等均出台了相关政策文件，大多地区的数据条例均明确要求培育数据交易市场，建立健全数据交易管理制度以发挥数据要素作用，促进数据自由流动。

1．以法律法规界定交易的红线底线

2021 年湛江市人民政府印发《湛江市贯彻落实广东省数据要素市场化配置改革的实施意见》并提出，要建立健全数据权益、交易流通、跨境传输和安全保护等基础性制度规范，保护数据主体权益，健全数据市场定价机制；研究制定数据管理规范，探索建立数据产权制度；强化数据交易监管，研究制定数据交易监管制度、互通规则和违规惩罚措施，明确数据交易监管主体

和监管对象,并建立数据交易跨部门协同监管机制,健全投诉举报查处机制,开展数据要素交易市场监管,打击数据垄断、数据不正当竞争行为。数据运营服务机构在日常运营中,应严格遵守国家法律法规,特别在国家秘密、商业秘密和个人信息保护方面,必须做到万无一失。为建设安全可信的数据元件开发环境,服务机构应建立严格的开发活动全流程安全合规管控制度,确保每一步操作都符合国家和行业的规定。这样不仅能有效防范数据被非法获取或不当利用,还能保障数据元件开发各方的合法权益。数据要素交易机构作为数据流通的重要平台,必须按照国家和地方网络安全、数据安全等相关要求,打造安全可信、稳定可控的交易环境,制定系列管理制度,如数据元件等数据交易产品登记溯源、分类分级保护、隐私保护、主体信用、交易信息披露等,以确保交易的合法性和公平性。同时,交易机构还应依法开展交易活动,保障数据交易双方的合法权益,并自觉接受相关部门的监督检查。

2．以指导意见引导资源向交易环节配置

为加快构建数据制度,激活数据要素潜能,促进数据合规高效流通使用,各地纷纷制定出台相应指导意见,以引导资源向更高效环节配置。围绕数据场内安全合规交易,湖北省发改委组织编制了《湖北省数据要素市场建设实施方案》,提出公共数据、涉及个人信息的敏感数据必须在交易场所交易;政府部门、国有企业的数据采购,应在场内交易;数据权属清晰、场景形态简单的数据服务或产品在合法合规的前提下开展场外交易。贵阳市为解决"数据流通基础弱"的问题,大力推进市场化配置改革并建设大数据交易所,以便数据要素能够更高效地流动和配置。2023 年印发的《贵阳贵安推进数据要素市场化配置改革支持贵阳大数据交易所优化提升实施方案》,明确提出要支持打造数据流通交易平台,建设"数据金库""数据沙箱"等,发展新的技术概念,保障数据要素开发利用更安全可控。为持续推进广西省数据要素市场化配置改革,构建数据基础制度,激活数据要素潜能,做强做优做大数字经济,《广西构建数据基础制度更好发挥数据要素作用总体工作方案》

提出要完善数据全流程合规与监管规则体系，构建规范高效的数据交易场所，培育数据要素流通和交易服务生态，构建数据安全合规有序跨境流通机制。2021 年，广东省为建设"全省一盘棋"数据要素市场体系，印发《广东省数据要素市场化配置改革行动方案》，有效促进数据流通交易，加快数据交易场所及配套机构建设，完善数据流通制度，强化数据交易监管，推动粤港澳大湾区数据有序流通。围绕数据开放和共享，湖北省建立数据共享交换体系以及公共数据开放机制，出台湖北省公共数据开放办法，加快推进湖北技术交易大市场、农村综合产权交易市场、武汉光谷联合产权交易所等要素交易平台建设，支持设立技术交易分市场。湖北省通过建立数据共享交换体系及公共数据开放机制，不仅推动了数据资源的高效利用，同时也为数据要素市场化流通奠定坚实基础。《贯彻落实〈中共安徽省委安徽省人民政府关于构建更加完善的要素市场化配置体制机制的若干措施〉任务分解方案》提出，推进政府数据归集汇聚和开放共享，推进大数据中心平台建设和互联互通，构建一体化的大数据中心体系；实行全市统一政务数据目录管理，建立数据共享责任清单制度，及时完整归集数据；建设人口、法人、电子证照、空间地理基础数据库和政务服务、市场监管、社会治理、社会信用等重点领域主题数据库，优化经济治理基础数据库；制定公共数据开放清单，推进公共数据依法依规开放。

3．以管理办法规范交易主体的实施行为

2022 年，德阳市人民政府印发《德阳市数据要素管理暂行办法》并提出，数据运营管理机构作为数据管理的核心部门，应依据行业安全管理标准及其他相关规定，制定详细且全面的制度规范，涉及数据元件开发主体的资质审核、产品管理的流程控制等方面。这些规范不仅有助于确保数据开发的合法性和规范性，还能为数据的安全和隐私保护提供坚实保障。2022 年，天津市颁布《天津市数据交易管理暂行办法》，引导培育本市数据交易市场，规范数据交易行为，促进数据依法有序流动，推动数字化发展；依法设立数

据交易服务机构进行数据交易及其相关管理活动；数据交易坚持依法合规、安全可控、公平自愿、诚实守信的原则。

（三）行业层面持续出台规范数据交易的指导意见

1. 工业领域以应用促流通，强调安全

2017 年我国发布《大数据系列报告之一：工业大数据白皮书（2017版）》，明确工业大数据的相关技术、应用及发展路线，从数据架构、技术架构和平台架构角度勾画工业大数据发展的整体轮廓，合理制定工业大数据的发展规划和建设路线，明确工业大数据落地推进工作重点，加快促进工业大数据在制造业中的落地应用。2019 年发布《工业大数据发展指导意见（征求意见稿）》，提出推动工业大数据资源共享流通、提升工业大数据资源管理能力、完善工业大数据治理规则等重要任务。2020 年工业和信息化部发布《关于工业大数据发展的指导意见》，提出建设工业数据空间的重点任务。2021 年印发的《工业互联网创新发展行动计划（2021—2023 年）》，再次提出探索建立工业数据空间，推动数据开放共享。2022 年 1 月，在中国信息通信研究院举行的"可信工业数据空间生态链大会"上发布的《可信工业数据空间系统架构 1.0 白皮书》，提出可信工业数据空间的初步架构及标准体系。2023 年 1 月 1 日起，《工业和信息化领域数据安全管理办法（试行）》开始实施，规范工业和信息化领域数据处理活动，加强数据安全管理以促进数据开发利用。

2. 交通领域以开放共享促应用，引导交易

交通运输部印发《推进综合交通运输大数据发展行动纲要（2020—2025年）》，明确将"深入推进大数据共享开放"作为五项主要任务之一。2021年 12 月，交通运输部发布《数字交通"十四五"发展规划》，针对"行业成体系、成规模的公共数据较少，数据开放与社会期望还存在差距"的现状，提出"研究制定交通运输公共数据开放和有效流动的制度规范，推动条件成

熟的公共数据资源依法依规开放和政企共同开发利用"。2021 年 4 月，交通运输部印发《交通运输政务数据共享管理办法》，界定交通运输政务数据共享管理体系与职责分工；明确交通运输政务数据的共享类型和划分要求；提出交通运输政务数据目录编制、发布、更新和管理的要求和程序；提出政务数据提供和获取方式，明确数据质量、使用限制、安全合规等要求；提出行业政务数据共享工作的监督考评机制，明确数据共享安全要求。

3．医疗领域点状布局数据开放，注重个人隐私

2018 年 9 月，国家卫生健康委员会发布《国家健康医疗大数据标准、安全和服务管理办法（试行）》，明确健康医疗大数据的定义、内涵和外延，以及适用范围、遵循原则和总体思路等，明确各级卫生健康行政部门的边界和权责，各级各类医疗卫生机构及相应应用单位的责权利。2021 年 11 月，国家健康医疗大数据中心（北方）建设领导小组办公室印发《国家健康医疗大数据中心（北方）健康医疗大数据共享开放管理规范（试行）》，明确制定目的、适用范围、管理机制、基本原则、共享开放、数据使用、安全保障、数据管理等方面内容。在医疗数据安全方面，卫健委和医保局都提出了要加强网络安全和数据安全的指导意见。2022 年 8 月，卫健委推出了医疗行业首个网络安全管理办法《医疗卫生机构网络安全管理办法》，为医疗卫生机构网络安全管理提供了工作指南，对医疗行业网络安全和数据安全发展具有重要意义。总体而言，"十三五"以来国家对网络安全和数据安全逐渐重视，陆续推出多部法律使医疗数据安全有法可依。医疗行业监管部门也陆续推出相应的管理办法促进医疗行业网络安全的发展，但整体而言，医疗行业的网络安全规范尚未形成体系，数据开放共享与隐私安全保护的平衡将是未来行业发展的主要方向之一。

4．金融领域开发利用较成熟，侧重治理

在金融行业标准方面，中国人民银行作为金融行业的领军者，自 2020 年起便积极响应国家需求，陆续发布一系列重要标准，包括《个人金融信息保护技术规范》（ JR/T 0171—2020 ）、《金融数据安全　数据安全分级指南》（ JR/T 0197—2020 ）、《金融数据安全　数据生命周期安全规范》（ JR/T 0223—2021 ）、《金融业数据能力建设指引》（ JR/T 0218—2021 ）等。这些标准的出台，不仅为金融机构提供了明确的操作指南，也为金融数据安全保护提供了坚实的制度保障。通过明确个人金融信息的保护要求、数据安全分级的方法、数据生命周期的安全管理，以及金融业数据能力建设的方向，构建起全面、系统的金融数据保护框架。与此同时，我国在金融数据跨境流动监管立法方面也取得了显著进展。随着全球化进程的加速和信息技术的飞速发展，金融数据的跨境流动日益频繁，对数据安全和隐私保护提出了更高的要求。《网络安全法》《数据安全法》《个人信息保护法》等法律法规的出台，构筑了个人信息保护的"三驾马车"，为金融数据跨境流动提供了明确的法律依据和监管要求。2021 年 7 月中共中央办公厅、国务院办公厅印发的《关于依法从严打击证券违法活动的意见》进一步强调，要完善数据安全、跨境数据流动、涉密信息管理等相关法律法规，加强跨境信息提供机制与流程的规范管理。这些法律法规不仅规定了数据跨境流动的基本规则，还明确了相关主体的义务与责任，为金融监管部门提供了有力的执法依据。

（四）机构层面有序出台规范场内交易的服务指南

在政策和法律的大力扶持下，截至 2022 年年底，全国已成立 40 余家数据交易服务机构。其中，政府主导建立的、以"国有控股、政府指导、企业参与、市场运营"为原则的大数据交易所和交易平台，如贵阳大数据交易所、上海数据交易所、北京国际大数据交易所等，占全部数据交易服务机构的半数以上，成为推动数据交易市场发展的中坚力量。

2021 年北京国际大数据交易所（简称"北数所"）的设立，标志着我国在大数据交易领域迈出了重要的一步。北数所定位清晰高远，旨在打造国内领先的大数据交易基础设施，致力于成为国际重要的大数据跨境交易枢纽。这一目标的实现，不仅有助于推动我国大数据产业的快速发展，也将提升我国在全球大数据交易领域的地位与影响力。同年 4 月，北数所发布的《北京数据交易服务指南》为数据交易提供了全面细致的指导。该指南详细阐述了数据交易的架构、方式、机制和安全等各个方面的服务细则，为数据交易各方提供了明确的操作规范和参考依据，有助于规范数据交易行为，保障数据交易的安全与合规，促进数据市场的健康发展。此外，北数所还积极探索建立大数据资产评估定价、交易规则、标准合约等政策体系。这些政策体系的建立，有助于完善数据交易市场的制度基础，推动数据交易公平化、透明化和规范化。北数所积极推动数据创新融通应用纳入"监管沙盒"，为数据创新提供安全可控的试验环境，促进数据创新成果的转化和应用；构建数据交易市场风险防控体系，建立数据安全备案机制和数据市场安全风险预警机制；强化关键领域数字基础设施安全保障，为数据交易提供坚实的技术支撑和安全保障。

2022 年 9 月，上海数据交易所立足"不合规不挂牌，无场景不交易"基本原则，发布上海数据交易所交易相关的七项规范（试行）与六项指引（试行），围绕构建数据要素市场、推动数据资产化进程，提出创新制度。2023年 4 月，贵阳大数据交易所发布数据交易的"交易激励计划"，激励类型包括：交易主体入场注册费用激励、数据产品及服务交易激励、数据中介专项激励、算法工具交易激励、算力资源交易激励五大类。这一计划为实现数据场内交易全新增长提供了有力保障，进一步解决了数据交易入场难的问题。此外，贵阳大数据交易所推出"数据经纪培育计划"，旨在通过发挥数据经纪在数据中介服务、数据流通交易等方面的专业优势，有效活跃数据交易市场，引导场外交易到场内交易有序合规流通。数据经纪作为数据流通交易市场中关键的媒介，不仅能够帮助数据买卖双方进行高效地对接和匹配，还能够提供数据清洗、加工、评估等增值服务，从而提升数据交易的质量和效率。通过培育和发展数据经纪，贵阳大数据交易所进一步推动数据交易的规范化、标准化，提升数据交易的活跃度和安全性。同时这一计划还有望引导场外交易到场内交易有序合规流通，将不规范、不透明的场外交易逐步转移到场内进行，从而确保数据交易的合规性和公平性。"数据经纪培育计划"将有效发挥数据流通交易市场中关键的媒介作用，通过数据经纪的积极参与和推动，数据流通交易市场将更加活跃和高效，数据要素市场化配置也将更加合理和高效，有助于推动中国数字经济的发展和数字化转型的加速。

三、我国数据要素流通交易制度建设面临主要问题

（一）数据流通交易的监管体制缺失

1. 合规尺度不明，流通预期不稳

我国已出台《网络安全法》《数据安全法》《个人信息保护法》等基本法律法规，在打造推进数据要素流动的法律保障基础方面，取得了积极进展。然而现有法律制度多是从保护和监管的角度出发，强调对数据的规范利用和安全隐私保护，并未就具体的流通实践形式、流通市场准入、市场监管等方面给出清晰的法律界定。在数据流通立法体系尚不完善、数据流通行为缺乏统一监管机制的情况下，面对强监管形势，各类参与主体难以把握监管和处罚尺度，对责任的判断没有稳定预期，各主体参与数据流通时找不到明确的合规依据，顾虑重重。

2. 监管指引不足，合规要求难以落实

《数据安全法》《网络安全法》《个人信息保护法》共同构成了数据合规领域的基本制度框架。但对于《数据安全法》《个人信息保护法》中的规定

如何具体落实，目前仍缺少足够的配套规范和监管指引。如《个人信息保护法》提到的单独同意如何以不影响用户体验的方式实现；如何指导隐私政策的制定使其符合要求且简捷易懂；如果绝对的匿名化无法实现，那么对于个人信息开发利用的边界在哪里等。目前，监管并未通过具体的行政处罚行为来明确实践中的红线，因此该等问题提升了企业数据合规实践的难度。

3．数据跨境流通监管的配套立法不完善

《网络安全法》是我国网络安全管理领域的基础性法律，该法仅在第 37 条中对关键信息基础设施的运营者在国内收集的个人信息、重要数据进行跨境流通应当进行安全评估作出了较为原则性的规定，与数据跨境流通有关的配套法规目前基本上均处于征求意见阶段或正在研究过程中，尚未正式出台，立法缺位使对数据跨境流通进行监管无明确的法规指引，存在较大的数据安全风险。

（二）流通交易制度尚不统一

近年来，全国各地对数据交易市场建设充分重视，积极推动各类数据交易机构的设立与运营，为数据要素的全面流通奠定了坚实的基础，反映了政府在推动数字经济发展、优化数据资源配置方面的决心和行动。据国家发改委数据，截至 2022 年年底国内由副省级以上政府牵头组建的数据交易场所已超过 30 所，交易场所不仅数量众多，而且地域分布广泛，覆盖了全国多个重要城市和地区。这些交易所作为数据交易市场的核心机构，发挥着促进数据流通、优化资源配置、保障数据安全等重要作用。不同地区建设的交易所各具特色，如北京国际大数据交易所定位打造国内领先的大数据交易基础设施及国际重要大数据跨境交易枢纽，上海数据交易所则致力于推动在数据权属界定、开放共享、流通交易、开发应用和数据安全等方面取得创新性突破和成果。它们通过制定交易规则、建立交易系统、提供交易服务等方式，为数据买卖双方搭建了一个安全、高效、便捷的交易平台。然而，我国当前

尚未形成统一的数据交易市场规则体系，数据交易场所如何定位、数据生态体系如何构建、数据如何跨境流通等问题仍缺乏科学有效的解决方案。数据交易机构职能定位不清，数据交易机构缺乏统筹的布局规划，出现同质化竞争现象，形成多个分割的交易市场，无法形成综合优势来发挥数据交易机构的作用。

就数据交易机构间的竞争而言，我国现有数据交易平台多集中在东部沿海、经济发达的地区，数据来源多以本地域内部数据为主，同一省内部的数据交易平台难免会遇到重复建设、数据商品同质化等情况，导致资源浪费，各家数据交易平台的商品和服务类型又趋于相似、缺乏特色。而针对场内交易和场外交易的竞争，大量数据通过场外交易的方式点对点自由流通，不受时空限制，数据交易平台若不及时丰富数据商品类型和创新数据服务模式，数据交易平台难以形成有效的竞争优势并吸引市场主体进行场内交易。

（三）行业流通制度面临困境

就工业内部看，企业自身面临工业大数据治理的"严繁杂散"困境，增大了共享流通的难度。一是企业核心知识产权和商业机密泄露问题，这是企业开发利用数据过程中最为关心的问题[①]。随着工业互联网的普及，企业的产品工艺、生产流程、质量管理等核心信息都可能暴露在网络环境中，一旦泄露，将对企业造成巨大的经济损失。因此，确保数据的安全可控是首要任务。二是工业数据的特殊性质增加了数据利用难度。由于工业数据具有来源杂、批量大、频率高、维度多等特点，其共享价值的评估变得尤为复杂。需建立更加科学的评估体系和方法，以准确衡量工业数据的价值。三是数据治理体系缺乏。由于缺乏统一的标准和规范，工业数据在采集、存储、处理等环节存在不科学、不规范的情况，导致数据质量不高，无法确保数据的一致性、完整性和准确性。四是企业内部信息孤岛问题制约数据整合和开放共享。由于部门间、企业间缺乏统一的数据标准和互通机制，导致数据无法实

---

① 王伟玲.数据跨境流动系统性风险：成因，发展与监管. 国际贸易.

现有效共享和流通。需通过建立统一的数据标准和互通机制，打破信息孤岛，促进数据的共享和流通。五是外部数据流通制度不健全。数据产权界定、数据流通合法合规性、数据定价和评估机制等问题亟待解决，只有建立健全数据流通制度，才能为数据流通和共享提供有力保障。

（四）跨境流通制度亟待完善

1. 数据管制机制有待健全

跨部门协同有待加强。随着数字经济的快速发展，数据跨境流动成为推动全球贸易和技术合作的重要力量，但同时也带来了安全风险和数据保护的问题。需加强跨部门协同，构建完整的监管规制体系，确保数据跨境流动与数据安全之间的动态平衡。目前，我国在数据跨境流动监管方面主要依赖于数据本地化政策，尚未形成体系化的法律规制。数据跨境流动规则分散于各个行业部门的管理规范性文件中，导致监管责任分散，缺乏统一标准和协调机制。这不仅增加了企业的合规成本，也降低了监管的有效性。为加强跨部门协同，需设立专门的数据跨境流动监管机构，统筹协调各部门数据跨境流动监管工作，制定统一的监管标准和规范，确保监管的一致性和有效性。加强与各行业主管部门的沟通与协作，共同细化数据跨境流动的实施细则。通过明确各部门的职责和分工，形成合力，共同应对数据跨境流动带来的风险和挑战。

实施性细则亟待推出。我国尚未出台数据跨境流动管理细则，一定程度上制约了数据跨境流动健康发展。一是企业和个人在进行数据跨境传输时缺乏明确的操作指引。由于没有具体的标准和程序可供参考，他们可能面临合规难题，甚至可能因为违反相关规定而遭受处罚。二是缺乏数据跨境安全评估和重要数据认定机制，数据跨境流动的安全风险难以有效控制。没有科学、系统的评估体系来确保数据跨境活动的安全性，可能导致敏感数据泄露或被滥用，对国家安全、个人隐私和商业秘密构成威胁。三是现行有效规范的内容多为概括性指导，缺乏具体实施细则，使企业和个人在遵守规定时存在一定困难。因此，我国应制定数据跨境流动管理细则，明确数据跨境的条件、程序和安全要求，建立科学的安全评估和重要数据认定机制，完善相关法律法规和监管体系。同时，加强国际合作与交流，推动形成符合国际规则的数据跨境流动体系，为我国企业在全球范围内的数据跨境活动提供有力保障。

2. 跨境数据分散的监管治理模式问题日益凸显

分散的监管模式导致行业间和地域间监管割裂与分散治理问题突出。如《网络安全法》规定，网络安全工作与有关监督管理工作由国家网信部门统筹协调。其他行业主管或监管部门则作为数据跨境的安全评价机构，仅对数据跨境的安全规定进行评价。当权责边界不明确时，容易出现互相推诿等问题。

法律与规章制度不一致。以《数据安全法》和《个人信息保护法》为例，二者仅对我国数据跨境流动的基本原则和制度框架进行了规定，但尚未及时修订原有具体行业领域的数据管理规定，导致部门规章和行政法规不能与法律要求保持一致。《数据安全法》和《个人信息保护法》规定，只要满足相关要求，重要数据和个人信息是可以进行跨境提供的，并没有对某类数据跨境予以完全禁止，但是现在我国部分行业或领域的监管规定仍禁止数据跨境流动。

3. 数据监管国际话语权薄弱

我国在积极争取《全面与进步跨太平洋伙伴关系协定》（CPTPP）和《数字经济伙伴关系协定》（DEPA）加入进程时，面临数据跨境流动方面的高标准要求。与发达国家和地区相比，我国数据监管能力还存在一定差距，这使我们在接受高标准数字贸易规则时，需要更加审慎和稳健，如果贸然接受以西方发达国家主导制定的高标准、高水平数字贸易规则，在国内相关法律制度和安全技术手段尚不完善的情况下，若监管不当，极易造成安全隐患和产业威胁。在实践中，我国参加的跨境数据流动国际机制较少，未能和世界主要国家或经济体建立跨境数据流动方面的合作与互信，国际话语权薄弱。面对高标准的数据跨境流动要求，我国需要在加强国内法律制度建设和完善技术手段的同时，积极参与国际合作与交流，提升数据跨境流动监管能力，为我国的数字经济发展提供有力保障。

四、我国数据流通和交易制度整体设计

2023 年 10 月国家数据局正式揭牌，是优化我国数据管理机构和职责体系的重大改革，开创了构建数据基础制度、统筹数据资源整合共享和开发利用、推进数字中国建设的新局面，数据要素市场建设加快完善。基于此，本文以加强数据交易场所统筹规划，明确各自功能定位为基础，构建数据交易标准规范、数据交易制度体系、数据交易服务能力三大核心支柱，以数据流通基础设施为关键载体，以数据交易监管制度为重要保障，构建"三横三纵"的数据流通交易体系框架（见图 3-1）。

（一）加强数据交易场所统筹规划，明确各自功能定位

国务院办公厅印发的《要素市场化配置综合改革试点总体方案》提出，要建立健全数据流通交易规则，并且对数据交易范式、数据交易市场提出了相关要求。此外，需要制定数据交易所建设准入标准，防止地方或实体"一窝蜂"上马，重复建设或形成恶性竞争，影响数据交易场所体系的稳健常态发展。因此，需对全国大数据交易所进行顶层设计，统筹优化数据交易场所的规划布局，对标国际领先的数据交易平台，通过差异化定位，突出不同地区数据交易平台的专业化特点和差异化优势，明确不同主体交易所功能定位，探索"政府+区域性和行业性+核心企业"的全方位、多层级的数据交

易场所体系。一是成立全国性数据交易场所，制定统一的数据交易市场规则及标准，覆盖数据交易撮合、交易监管、资产定价、争议仲裁、交易服务生态打造等全流程。二是围绕"东数西算"八大枢纽节点在京津冀、长三角、粤港澳大湾区、成渝等地建设区域性数据交易场所，整合区域内数据资源，加强与国家数据交易场所的整体联动，提高数据利用效率和数据交易规模。三是成立由核心企业和大型互联网企业牵头的数据交易场所。不同层级的数据交易场所承担不同职能，且遵循统一的数据交易制度，以利于不同层级数据交易场所之间的数据互通。依托不同层级的数据交易场所，构建由数据提供方、购买方、中介服务方、监管方和交易场所组成的数据交易生态，通过生态建设促进数据市场加速壮大。

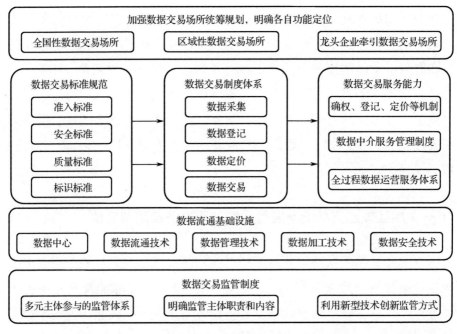

图 3-1 "三横三纵"的数据流通交易体系框架

（二）加快构建业务层数据交易制度体系，促进交易规范有序

在当前新发布的数据交易制度基础上，加快构建业务层数据交易制度体系，对数据交易过程中涉及的数据采集、确权、定价、交易模式等各环节均

建立相应的制度标准，形成数据交易制度体系，保障数据交易规范有序。贵阳大数据交易所正式对外发布了数据交易规则体系，北京国际大数据交易所构建了数据跨境流通的规则体系，上海数据交易所提出"数商"新业态，在业务层对数据交易制度规则不断探索。数据交易作为新型生产要素交易形式，亟须与之匹配的新型交易制度，并在交易前、交易中、交易后建立全流程管理与监督体系，做到全流程管理、全细节覆盖。在数据采集环节，建立数据采集标准和准入制度，对数据采集供应商行为进行规范；在数据确权环节，建立数据权属制度，对数据所涉及的相关方的权属进行明确界定，最大限度保护各方利益，同时明确数据交易过程中的权属流转问题；在数据定价环节，建立数据定价机制，针对不同类型数据，采用不同的定价方法，形成一套科学公平有序的数据定价制度；在数据交易环节，对数据交易中不同相关方的权益进行明确界定，同时引入第三方审计和评估机制，对数据交易和使用边界进行监督。此外，数据交易所还应研究建立数据资产评估体系，推动将数据资产纳入会计准则，将数据要素纳入统计核算体系，逐渐完善数据交易制度体系。

（三）持续优化数据交易服务能力，引导数据场内交易

从加强高质量数据供给、深挖数据应用场景和提高数据服务技术能力三方面入手，搭建覆盖数据交易全过程的数据交易服务平台。一是开展数据登记、确权、定价等方面研究，加快建立明确的数据登记、确权和定价体系，不断完善数据监管制度，进而引导更多数据进入场内交易，增加高质量数据的供给能力。二是制定数据中介服务机构运营管理制度，严格数据中介服务机构准入，培育专业的数据中介服务商和代理人。三是建立全过程数据运营服务体系，为市场参与者提供数据清洗、法律咨询、价值评估、分析评议、尽职调查等服务，不断拓展数据应用场景，提高数据应用能力。四是不断探索新型数字技术，如区块链技术、多方安全计算技术、隐私加密技术等，在数据权属确认、数据流通效率、数据安全治理等方面开展创新实践，同时建

立数据信息登记平台，明确数据获取方式和权利，利用区块链技术、数据安全沙箱、多方安全计算等方式，全面提升数据登记的安全性、合规性、保密性。

（四）构建集约高效的数据流通基础设施，保障数据交易安全合规

集约高效的数据流通基础设施，为场内集中交易和场外分散交易提供低成本、高效率、可信赖的流通环境。基础设施的完善是建设数据交易场所体系的必要条件，以数据交易所为枢纽从而构建可信的数据流通网络，这些都离不开相关基础设施的保障与支撑，更不必说发展规模化的数据交易生态，基础设施是构成相关通用框架的前提。基于端到端数据安全技术，确保数据安全可靠、卖家对数据保持控制权、交易具有可追溯性。持续监管买卖双方的数据交易，使其遵守数据保护相关规定，建设安全合规的数据交易环境，建立数据共享的可信合作伙伴关系。

（五）制定完善的数据交易标准与规范，保障交易专业性和高效性

出台数据交易场所管理办法，建立健全数据交易规则，制定全国统一的数据交易、安全等标准体系，降低交易成本。确立数据脱敏和传输的相关国家标准，细化"一数多权"的权属界定规则，引进新型数据交易技术和交易监管沙箱。提倡建立全国性的数据确权和交易的记录标准，发展隐私计算技术，从而确立数据交易场所体系开源、开放、共建、共享的建设理念和方针，进而构建数据市场体系和完善整体的数据生态。增强数据的规范性和标准性，建立统一的数据交换标准，规范不同系统的数据描述，集成不同类型数据。突出数据专业性，推动不同数据交易平台聚焦不同专业领域，通过对稀有度、真实度、结构化、完整性、可靠度、交易周期、交易量、交易频率等方面的严格评估，提供高质量、多维度、多层次的专业数据。

（六）加大数据交易场所监管力度，完善创新监管技术体系

建立数据交易场所监管制度，对数据交易全过程进行监管，确保个人数据安全和国家数据跨境流通安全；同时加大相关数据安全监管技术和安全可信数据交易研发，通过技术手段进行监管。从多元参与、明确职责、创新方式等方面入手，完善数据交易场所监管体系，保障数据流通交易的有序发展。一是构建多元主体参与的监管体系。在政府部门总体监管、数据交易场所具体监督、行业协会协助监管的原则指导下，构建一套政府部门、交易平台、行业协会分工明确、相互协作的监管体系和规范体系。二是明确监管主体职责和内容。包括平台监管和数据源监管这两个核心方面。平台监管是保障数据市场健康有序运行的重要环节，包括但不限于对平台的数据收集、处理、使用、存储等环节的合规性进行检查，以确保平台的行为符合法律法规和行业标准。数据源监管则包含数据的脱敏监管、质量监管、价格监管。数据源监管是确保数据质量、安全和价值的重要措施①。三是利用新型技术创新监管方式。积极运用大数据、人工智能、云计算、区块链等技术加强数据交易监管能力建设，不断提高监管水平，提升监管专业性、统一性和穿透性，为数据交易活动安全有序开展提供保障，进一步提高数据交易场所服务能力。

五、我国数据要素流通和交易制度建设对策建议

（一）从体制机制上，明确数据要素流通和交易主管机构

一方面，明确负责数据流通交易管理工作的部门，制定和实施数据交易的相关政策和规定。工业和信息化部作为国家信息化和信息产业的主管部门，具有丰富的行业管理经验和资源，能够有效地推动数据交易制度的建设和管理。另一方面，发挥工业互联网平台链主企业的作用，引导行业内的龙

---

① 肖建华，柴芳墨.论数据权利与交易规制.中国高校社会科学.

头企业参与数据交易，形成行业内的数据流通和交易机制。链主企业可以通过自身的技术优势和资源整合能力，搭建行业内的数据交易平台，推动行业内的数据流通和交易。

（二）从建章立制上，完善数据要素流通和交易制度体系

一方面，制定和完善数据要素流通和交易的相关法规和制度，包括数据确权、数据交易规则、数据安全保障等方面的规定。同时，可以参考国际上的数据交易制度和经验，不断完善我国的制度体系。新型工业化是数据交易制度的重要支撑，可以通过工业互联网平台实现数据的互通和共享，推动工业领域的数据流通和交易。在工业互联网平台上，可以通过制定行业标准和规范，实现数据的标准化和规范化，为数据交易提供更加稳定和可靠的基础。另一方面，充分发挥工业互联网平台链主企业的作用，引导行业内的龙头企业参与数据交易，形成行业内的数据流通和交易机制。链主企业可以通过自身的技术优势和资源整合能力，搭建行业内的数据交易平台，推动行业内的数据流通和交易。通过这种方式，可以实现数据的互通和共享，提高数据的使用价值和效率，推动工业领域的数据交易。

（三）从宣贯实施上，保障数据要素流通和交易制度落实

一方面，加大对数据交易的监管力度，保障数据交易的公平、公正和透明。同时，可以加强对数据安全的保护，防止数据泄露和滥用。工业互联网平台链主企业可以通过自身的技术优势和资源整合能力，为数据交易提供更加安全和可靠的技术保障。链主企业可以通过区块链等技术手段，实现数据的不可篡改和可追溯，为数据交易提供更加安全和可靠的基础。加强对数据安全的保护，建立完善的数据加密和安全传输机制，保障数据的隐私性和完整性。另一方面，采取技术手段，如区块链技术等，实现数据的不可篡改和可追溯，提高数据的安全性和可信度。同时建立数据交易的监管机制，加强对数据交易的监管和管理，保障数据交易的公平、公正和透明。

第四章
数据要素收益分配制度研究

一、数据要素收益分配制度的国内外实践

（一）国内数据要素收益分配制度发展现状

1. 国内相关政策和实践现状

1）国家政策层面定义了数据要素参与分配的基本原则

2019 年 11 月，党的十九届四中全会发布《中共中央关于坚持和完善中国特色社会主义制度推进国家治理体系和治理能力现代化若干重大问题的决定》，首次将"数据"列为生产要素，提出了"健全劳动、资本、土地、知识、技术、管理、数据等生产要素由市场评价贡献、按贡献决定报酬的机制"。此后，国家层面出台了多个数据要素相关政策。2020 年 3 月，《中共中央 国务院关于构建更加完善的要素市场化配置体制机制的意见》把数据作为一种新型生产要素写入国家政策文件中，与土地、劳动力、资本、技术等传统要素并列，并提出要加快培育数据要素市场。2021 年 3 月，《中华人民共和国国民经济和社会发展第十四个五年规划和 2035 年远景目标纲要》提出，要对完善数据要素产权性质、建立数据资源产权相关基础制度和标准规范、培育数据交易平台和市场主体等作出战略部署。《要素市场化配置综合改革试点总体方案》提出，建立健全数据流通交易规则，探索"原始数据不出域、数据可用不可见"的交易范式；探索建立数据用途和用量控制制度；规范培育数据交易市场主体。2022 年 12 月，《中共中央 国务院关于构建数据基础制度更好发挥数据要素作用的意见》提出，要加快构建数据基础制度，在保护个人隐私、商业秘密、维护国家数据安全的前提下，充分实现数据要素价值、促进全体人民共享数据发展红利，从数据产权、流通交易、收益分配、安全治理等方面初步搭建了我国数据基础制度体系。2023 年 3 月，中共中央、国务院印发了《党和国家机构改革方案》，组建了国家数据局，整合了网信办和国家发改委的部分职能，将统筹数字经济发展，数据要素行业

落地有望加速。

2）地方政策层面侧重收益分配的具体指导意见

地方各级政府对数据要素及要素收益分配的重视程度不断提升，积极响应国家出台相关政策支持数据要素行业发展。2023年6月，中共北京市委、北京市人民政府印发《关于更好发挥数据要素作用进一步加快发展数字经济的实施意见》（简称《实施意见》），即北京"数据二十条"。在收益分配方面，《实施意见》鼓励数据来源者依法依规分享数据并获得相应收益。探索建立公共数据开发利用的收益分配机制，推进公共数据被授权运营方分享收益和提供增值服务。探索建立企业数据开发利用的收益分配机制，鼓励采用分红、提成等多种收益共享方式，平衡兼顾数据来源、采集、持有、加工、流通、使用等不同环节相关主体之间的利益分配。探索个人以按次、按年等方式依法依规获得个人数据合法使用中产生的收益。2023年3月，江苏省苏州市实施了《苏州市数据条例》。其中，第四章数据要素市场的第三十七条提到：本市探索建立数据资产评估制度，构建数据资产评估指标体系，开展数据资产凭证试点，反映数据要素资产价值。市人民政府及其有关部门应当组织制定数据交易价格评估导则和交易价格评估指标。2023年3月，山东省青岛市发布了全国首个数据要素收益分配方面的标准——《数据资产价值与收益分配评价模型》。该标准从数据运营过程中的数据资产价值评价与收益分配评价入手，根据数据在运营过程中的使用与收益情况，量化数据质量、数据应用、变现量和收益分配比例，进而对数据资产的价值与收益分配进行评价。2023年9月，福建省数字福建建设领导小组办公室发布了《福建省加快推进数据要素市场化改革实施方案》，明确提出要建立公共数据资源开发有偿使用机制，将数据使用费纳入非税收入管理，将技术服务费纳入政府指导价管理，并首次明确表示要严厉打击数据黑市交易，取缔数据流通非法产业。此外，上海市、广东省、贵州省、湖北省等代表性省市也在加快探索数据要素市场化配置过程中数据要素收益分配方面的政策。

3）实践层面以平台、交易所等为载体，在行业应用场景中开展多种收益分配渠道探索

近些年，国家高度重视数据要素行业的建设和发展，各级政府和行业机构在公共数据运营方面开展相关实践。北京市、佛山市、成都市等地开始推行公共数据授权运营的试点工作。其中，佛山市授权国有企业"顺科智汇科技"开展公共数据运营试点，采用市场化协商定价方式，数据提供单位可以获得财政的反哺补贴，数据运营获得的利润收入通过上缴和纳税汇入地方财政实现对地方政府财政部门的利益分配。此外，成都市建立了公共数据运营服务平台，成都市大数据集团股份有限公司作为运营主体采用市场化协商定价方式；数据提供单位可以获得运营主体提供的数据或技术等补偿性服务，以及根据参与授权运营工作的绩效评估结果给予一定的财政补贴；数据运营获得的利润收入同样通过上缴和纳税汇入地方财政[1]。海南省建设了"数据产品超市"开放性数据交易平台，凡符合规定的企业或机构均可申请以服务商身份入驻数据产品超市，运营主体包括多类市场主体，采用市场化协商定价、竞争定价、第三方定价等多种方法，运营主体利用部分数据产品或服务的利润收入支付数据产品超市交易平台一定费用，数据产品超市交易平台会将部分经营收入上缴财政，主管部门根据数据提供单位的数据价值贡献给予一定的信息化建设支持等。

行业实践方面，交通、教育、医疗、金融、气象等行业也在不断开展公共数据授权运营，气象各部门针对气象公共数据积极开展了开放共享和授权运营等工作，如中国气象数据网以所属的事业单位为运营主体，采用免费、公益性收费、市场化协商定价等方式，数据提供单位可以直接参与利益分配补偿其成本，运营主体所获的利润收入通过税收汇入地方财政。贵州省建立了公共资源交易综合金融服务平台，通过开放共享公共数据资源实现数据赋能金融应用服务等，采用市场化协商定价方式，服务平台将公共数据运营所得的利润收入按照固定比例分成分配给数据提供单位，以补贴数据提供单位

---

[1] 华海英. 公共部门信息增值利用的若干概念辨析. 图书情报工作.

的信息化建设成本等，运营主体将所得收入按照利润和纳税汇入地方财政[1]。北京市也建设了金融领域公共数据运营专区，通过融合应用多领域公共数据，推动金融应用行业发展。

2. 数据要素收益分配相关理论和方法研究现状

1）数据要素收益分配的理论依据相关研究

数据作为生产要素参与收益分配符合社会主义的基本经济规律，一些学者探讨了数据要素参与分配的理论依据[2]。王胜利等[3]分析了按数据要素所有权参与分配的理论依据，其实现形式基于数据要素所有权。庄子银[4]分析了按数据价值创造过程中的贡献参与分配的理论依据，认为其实现形式基于数据要素贡献主体。李卫东[5]认为数据要素参与分配的具体实现形式主要基于传统技术要素分配方式。上述研究的存在使数据在实际作为生产要素参与分配的过程中并未形成受到一致认可的分配框架。而除了主要由市场决定的初次分配之外，应当如何进行数据要素收益的二次分配与三次分配以保障各方收益的公平性仍然有待进一步研究[6]。

2）数据要素收益分配的问题及对策相关探讨

数据要素在参与价值收益分配过程中存在一些问题，学者们对于应该如何解决这些问题进行了深入研究并给出了一些对策建议。孙琳[7]提出数据要素资本大小的度量和对数据资源的开发、管理及核算需要进一步研究，可从法律法规和产权环境等方面进行制度设计以规范数据要素参与分配的权利

---

[1] 贵州省公共资源交易综合金融服务平台上线. 计算机与网络.

[2] 张存刚，杨晔. 数据要素所有者参与价值收益分配的理论依据. 兰州财经大学学报.

[3] 王胜利，薛从康. 数据生产要素参与分配：价值基础、依据和实现形式. 制度经济学研究.

[4] 庄子银. 数据的经济价值及其合理参与分配的建议. 国家治理.

[5] 李卫东. 数据要素参与分配需要处理好哪些关键问题. 国家治理.

[6] 洪联英，周天宇.共同富裕导向下数字税征税逻辑与推进思路——基于数据要素融入收入分配制度改革的思考. 财会通讯.

[7] 孙琳. 数据参与分配，哪些问题需要重视. 国家治理.

与制度基础。李卫东提出数据要素在参与分配时要注意确认数据收集、加工处理和内容所有者的产权问题,可借鉴技术要素参与分配过程中所采取的收益分配方式。吴星泽[①]提出对数据要素进行产权确认的核心问题在于找到要素或要素收益权的所有者。冯云廷[②]提出我国目前数据共享机制尚未完善,数据共享机制的不健全可能会导致数据价值风险提高。王磊[③]认为目前数据产权相关规则要求不是很清晰,现有的相关法律制度对数据要素的所有权、使用权和收益权,以及数据权属关系等内容尚未有明确界定,仍处于相对空白缺失的状态。胡飞[④]认为目前我国数据交易机制不成熟,虽然各地陆续开展了数据交易的相关探索,但既没有建立相对统一的数据交易市场,也没有形成规范的数据交易体系,相关数据要素市场准入、评估、监管机制仍存在诸多不足。牛凯功等[⑤]认为当前的数据要素收益分配方式不公平,个人数据提供者和数字劳动者虽然为企业创造了巨大财富价值,他们却难以获得与之相应的数据要素收入分配。

3)数据价值评估和定价方法相关指标体系

数据定价是完成数据收益分配的基础,数据价值评估是数据定价的关键前提。一些学者对数据价值评估体系展开了研究。上海德勤资产评估有限公司与阿里研究院[⑥]基于李然辉学者提出的数据资产价值评估体系,增加了数据风险维度来构建数据资产评估体系。高昂等[⑦]基于《电子商务数据资产评价指标体系》(GB/T 37550—2019)提出了数据资产价值评价指标体系。张

---

① 吴星泽. 完善和深化要素认识,健全按要素贡献分配机制. 审计与经济研究.

② 冯云廷. 如何认识数据作为生产要素的经济价值. 国家治理.

③ 王磊. 关于健全数据要素收益分配机制的初步思考. 中国经贸导刊.

④ 胡飞. 加快构建数据要素分配体制. 中国经贸导刊.

⑤ 牛凯功,黄再胜. 数据作为生产要素参与分配的现实问题与治理路径. 中共青岛市委党校. 青岛行政学院学报.

⑥ 上海德勤资产评估有限公司,阿里研究院. 数据资产化之路——数据资产的估值与行业实践. 2019.

⑦ 高昂,彭云峰,王思睿. 数据资产价值评价标准化研究. 中国标准化.

驰[1]从颗粒度、多维度、活性度、规模度和关联度五个维度来制定衡量数据资产价值的评估指标体系以构建基于深度学习的数据资产价值分析模型。

数据定价部分主要从传统定价方法及其改进、基于数据要素本身的定价方法、数据定价方法应用三方面来进行研究梳理。传统定价方法主要包括市场法、成本法、收益法三种方法。但是，不少学者认为使用传统定价方法目前在数据要素交易市场还不太完善的情况下存在很大问题，需要结合数据要素特点进行修正改进。市场法应用的关键在于数据资产能够在公开市场上进行交易并且具有可比性，但是在目前数据要素市场上，这两个条件均难以满足。一些学者在传统市场法的基础上对其进行改进以适应数据要素市场，李永红等[2]认为利用传统市场法给数据定价时忽略了数据本身的特性及其价值影响因素的复杂性，为解决此问题，他们引入层次分析法（AHP）量化数据资产的价值影响因素，并用灰色关联分析法来解决可比数据资产选取困难的问题。

成本法的优点在于计算简单且易于理解，建议采用成本法对数据资产定价的文献较多，但是在实际操作中该方法也存在一些缺陷。一些学者在传统成本法的基础上对其进行了改进。张志刚等[3]利用数据资产发生的成本和数据资产产生的费用来评估数据资产价值，针对影响评估数据资产价值的各个因素权重，利用层次分析法来确定权重并结合各位专家的打分最终评估出数据资产价值。

收益法是估算被评估数据资产的预期收益并折算成现值的方法[4]。一些学者对传统收益法进行了修正改进。嵇尚洲等[5]认为由于数据资产类型具有多样性特点，因此选择数据价值评估方法可以采用情景分析法，估算不同情

① 张驰. 数据资产价值分析模型与交易体系研究. 北京：北京交通大学.

② 李永红，张淑雯. 数据资产价值评估模型构建. 财会月刊.

③ 张志刚，杨栋枢，吴红侠. 数据资产价值评估模型研究与应用. 现代电子技术.

④ 欧阳日辉，杜青青. 数据估值定价的方法与评估指标. 数字图书馆论坛.

⑤ 嵇尚洲，沈诗韵. 基于情景法的互联网企业数据资产价值评估——以东方财富为例. 中国资产评估.

景出现的概率情况并结合收益法倍增模型来构建数据资产评估模型。

　　基于数据要素本身的定价方法主要包括基于数据质量、数据量、数据集、客户感知价值等方法。Yu H.等[①]建立了以数据质量为基础的双层规划估值定价模型。Li X.等[②]提出了一个新的数据估值定价指标，即数据信息熵，用来定量地识别数据资产包含的信息量。左文进等[③]提出了基于用户感知价值的数据资产定价方法。此外，黄倩倩等[④]从数据产品价格影响因素角度建立数据产品价值评估指标体系，多维度评估数据产品价值[⑤]。当前我国数据要素定价机制处于研究探索阶段，不同数据定价方法各有优缺点，需要根据应用场景及市场需求情况选择使用。

　　在数据定价方法应用上，李文华[⑥]提出基于《数据资产定价方法》中的数据产品成本法并结合数据资产价值影响因素维度，为数据资产价值评估和定价提供参考。武子雯[⑦]提出基于我国征信中心信用数据定价公式，采用内容质量、信用质量两个指标来构建新的数据质量评价指标体系以对收费调整系数进行扩展。杨珺等[⑧]提出从时间、类型、内容和用途等维度对多媒体数据展开价值评估以实现定价。朱琨等[⑨]提出从数据隐私、数据数量及数据精确度三个质量维度来评估共享汽车数据的价值，并运用三层 Stackelberg 博弈进行数据定价[⑩]。

---

① YU H, ZHANG M. Data pricing strategy based on data quality. Computers & Industrial Engineering.

② LI X, YAO J, LIU X, et al. A first look at information entropy-based data pricing//Proceeding of the 2017 IEEE 37th International Conference on Distributed Computing Systems.

③ 左文进，刘丽君. 基于用户感知价值的大数据资产估价方法研究. 情报理论与实践.

④ 黄倩倩，王建冬，陈东，等. 超大规模数据要素市场体系下数据价格生成机制研究. 电子政务.

⑤ 于施洋，王建冬，黄倩倩. 论数据要素市场.

⑥ 李文华. 南网为能源电力数据资产精准画像. 中国能源报.

⑦ 武子雯. 对我国征信中心信用数据定价的改进. 经济师.

⑧ 杨珺，倪代光，张雯，安桂霞. 多媒体数据定价系统. 北京市：CN106651421B.

⑨ 朱琨，许成真，王然. 一种基于区块链的共享汽车数据市场的数据定价方法. 江苏省：CN112767021A.

⑩ 姜灼洁. 数据资产权属与定价研究. 上海财经大学.

4）数字税等再分配制度方面的研究现状

数字税一般也被称为"数字服务税"，是指对因销售互联网业务产生的利润而征收的一种新型税收类型，也被视为数字要素收益分配的一种方式，但其在实际应用中对数据要素市场的影响仍在进一步评估中。近几年，国家逐渐开始探索和推行数字税制度，许多学者也对此进行了深入研究。朱元冰[1]梳理了数字税理论与全球数字税概况，分析了我国数字税征收的可行性和面临的问题等。金浏河等[2]从数字服务的特点入手，对数字服务价值来源进行了分析，并在此基础上探讨了数字服务的价值核算，提出了数字税征管的建议。

（二）国外数据要素收益分配制度发展现状

目前国外与数据收益分配制度相关实践主要集中在政府、企业和个人数据政策及收益再分配层面，具体包括：数字税政策、公共数据开放共享及个人数据权益保护等。

1．美国数据要素收益分配制度与实践现状

1）美国政府在争议中逐步调整数字税收政策

美国曾长期反对数字服务税政策，认为其阻碍了美国在数字经济中的优势，并曾多次威胁要对欧洲征收数字税的国家实施报复性关税措施，引发了一系列贸易争端。美国就数字服务税问题主张在既有国际税收规则框架下进行修正或优化，要求在二十国集团（G20）和经济合作与发展组织（OECD）等多边协调机制和平台上，提升现有国际税收规则对数字经济征税的适应性和有效性，并以常设机构所在地作为税收管辖权的判定依据。此外，美国还十分关注跨国数字企业的税基侵蚀和利润转移现象。2021 年 10 月，经过

---

① 朱元冰. 我国数字税征收基本问题. 中国市场.
② 金浏河，王梦妍. 数字服务的商业价值与数字税. 当代经济.

OECD 的谈判，130 多个成员国同意了新的国际税收规则大纲，即《OECD/G20 税基侵蚀和利润转移包容性框架》，其中，支柱一提案要求大型跨国公司在其经营活动所在国也需纳税，以确保规模最大、利润最丰厚的跨国企业利润和征税权在各国之间更公平地分配；支柱二提案则要求各国设定一个全球最低企业税率，以防止各国之间的财税竞争。同时，《实施税收协定相关措施以防止税基侵蚀和利润转移的多边公约》要求取消所有针对公司的数字服务税和其他相关类似措施，以保障这一提案的实施。但根据美国与奥地利、法国、意大利、西班牙、英国、土耳其和印度达成的妥协协议，在提案正式生效前的过渡期，这些国家可暂时保留现有的数字服务税，而缴纳数字服务税的公司可以获得针对未来纳税义务的税收抵免。

2）美国从多区域、多部门共同推动公共数据开放共享

为激发政府信息的商业利用潜力并遏制寻租行为，美国在 1986 年修订的《信息自由法》中首次明确规定，政府部门针对信息申请者的收费不得使用市场定价原则，而是应该严格以实际发生的成本为基准，采取不超过边际成本的收费策略，旨在通过降低费用门槛来促进公共数据的高效利用。2009 年初，美国政府发布了《透明开放政府备忘录》，倡导打造一个透明度高、开放性强、合作紧密的政府。同年五月，美国政府数据开放网正式上线运行。2013 年，美国发布了《政府信息公开和机器可读行政命令》，规定除特殊情况外，政府信息和数据资源应默认为开放状态并具备机器可读性，为公共数据开放奠定了基本框架。2019 年，美国国会又通过了《开放政府数据法》，面向公共数据的质量问题建立了一套反馈与评估体系，进一步加强了公共数据质量管理的严格性。目前，美国政府数据开放网已成为美国最大的公共数据开放平台，具有数据规模庞大、涵盖主题广泛、检索机制便捷等特点，并且可以提供多样化的数据类型和接口模式以满足不同用户的需求。美国商务部、统计局等多个政府部门分别建设了公共数据平台。这些平台数据资源丰富、可利用性高，具有比较高的成熟度，为美国的社会治理和经济创新提供了有效助力。

3）美国通过数据经纪人处理个人数据

在个人数据管理方面，美国主要通过数据经纪人提供个人数据的相关处理和交易服务。根据美国联邦贸易委员会（FTC）的定义，数据经纪人是通过各种渠道采集消费者个人信息，并对采集的原始信息及衍生信息进行整理、分析和分享后，向与消费者没有直接关系的企业出售、授权、交易或提供信息的机构，主要应用于产品营销、验证个人身份或检测欺诈行为等方面。数据经纪人在获取所需数据的过程中并不与用户个人直接接触，而是主要依托政府渠道、商业渠道及各类公开数据资源等途径，间接汇集并整理个人信息。通常情况下，用户自身对相关信息被获取的情况并不知晓。同时，尽管数据经纪人获取和存储的数据量极大，几乎涵盖了每一位美国消费者，但这些由数据经纪人收集掌握的个人信息并不会向用户个人提供任何收益，而用户则既无法对自己的信息进行访问，也无法禁止数据经纪人使用自己的信息。

2. 欧盟数据要素收益分配制度与实践现状

1）欧盟初步形成数字税收制度框架

在 2014 年至 2018 年期间，欧盟就数字经济税收问题先后组织召开了多次会议。2017 年，在《欧盟单一数字市场公平高效的税收体制》报告中，欧盟进一步表达了向数字经济征税的坚定立场，倡议各成员国联合建立一个符合数字时代特征、公平有效的税收制度。2018 年 3 月，欧盟发布了《数字经济公平课税方案》，旨在为新兴的数字化商业模式提供配套的税收政策，同时，跨国企业也应当为其在数字经济领域获得的收益纳税。该方案包括短期和长期两个部分：短期部分主要着眼于数字服务税的征收，计划对在欧洲从事互联网业务活动的相关企业单方面直接征收 3% 的间接税，包括均衡税、预扣税，以及针对数字服务和广告收入等多种形式收入的税收；长期部分则主要关注于"显著数字存在"（即在数字经济领域的收入额度或用户数量达到一定规模的企业），通过调整常设机构原则的认定范围，重新界定企业在数字领域的盈利情况。此外，欧盟还计划修订与《数字化单一市场版权指令》配套的《数字服务税指令（提案）》，将数字服务税征收和制定欧盟最低企业所得税税率等税收规则纳入议程。2018 年 3 月，欧盟推出了《关于对提供某些数字服务所产生的收入征收数字服务税的共同制度指令》，明确了数字服务税的应税收入范围、纳税人、纳税地点、税率、纳税申缴方式、征管反避税六方面内容，其征税范围包括了大部分目前在欧盟境内不缴纳税金的数字活动，并且具有较强的可操作性。

欧盟重视数字服务税，主要有两方面原因：一是在税收收入方面，3% 的数字服务税税率为各成员国带来的直接税收收入可达每年 50 亿欧元，且与欧盟现行的其他税收制度并不矛盾，实施成本较低，征收也相对较易；二是在国际规则制定方面，数字服务税有助于欧盟各成员国抢占数字税收规则制定和数字红利分配方面的话语权高地，提升跨国互联网巨头企业转移利润和避税的成本。在欧盟缺乏本土互联网巨头企业的情况下，这些税收的较大部分将来自域外的互联网平台企业，在获得额外税收收入的同时，也增加了欧盟在对外博弈方面的筹码和在全球数字经济中的影响力。但经过 OECD 的相关谈判，欧盟各国将在新的国际税收规则大纲，即《OECD/G20 税基侵蚀和利润转移包容性框架》生效后，暂时搁置对于数字服务税的征收。

2）欧盟用制度改善公共和个人数据的可用性和使用创新性

2019 年 4 月，欧盟批准了《开放数据和公共部门信息再利用的指令》（PSI），旨在提升公共数据的可用性和应用创新性，进而推动人工智能等依赖大量数据的技术快速发展。PSI 进一步完善了此前的《公共部门信息再利用指令》，要求对个人数据的任何重复利用都必须遵守 GDPR 中规定的权利和义务，界定了公共数据重复利用的基本准则，打破了欧盟内部市场在公共数据重复利用方面存在的主要壁垒。同时，指令还引入了一系列规定，包括不歧视原则、费用标准、排他性协议、透明度要求及相关工具的应用等，旨在推动公共数据方便、快捷、高效地再利用。

2022 年 5 月，欧盟批准了《数据治理法》（DGA），提出增强对数据中介的信任，增强欧盟数据共享机制，提升数据可用性，为公共数据的共享和再利用建立基本的机制框架。具体措施包括在保障各方权益的基础上，推动公共部门数据的再利用、企业间付费共享数据、个人通过数据中介使用数据、鼓励以公共利益为导向的数据使用等，以实现数据价值的最大化。DGA 规定相关公共数据的开放在原则上不应设置"独占权"，并应满足非歧视、平等、正当及竞争中立等条件。DGA 还对公共数据开放的费用作出了规定，允许公共部门对公共数据开放收取费用，以补贴必要的数据复制、提供、传播、匿名化处理及安全等方面成本，同时也需保证收费的透明、非歧视、客观合理且不得限制竞争。费用的具体计算标准和方法，包括费用类别和分配规则等由成员国制定并公布。DGA 还鼓励公共部门向中小企业和非营利的科研机构、教育机构等以折扣价格（或免费）提供数据。DGA 将为欧盟单一数字市场奠定基本的数据使用管理规则，平衡企业数据利用和公民个人数据保护之间的利益诉求，为跨部门的数据标准化工作提供战略咨询建议，推动欧盟数据互联互通和产业发展。

欧盟于 2022 年 2 月公布了《关于公平访问和使用数据的统一规则的条例》草案，并于 2023 年 11 月正式通过。该条例制定了涵盖公私主体的"互联产品数据"的获取与使用规则，其中，互联产品是指能与互联网相连、收集和共享用户在使用过程中产生的海量个人数据与非个人数据的产品。草案指出，使用互联产品及相关数字服务的用户，应当拥有获取、使用这些产品数据的权利，并有权要求数据持有者向第三方提供相关数据，这一权利被称为"数据可携带权"。为确保用户能够充分行使这一权利，数据持有者负有根据用户要求共享互联产品数据的义务，以确保数据的流通性和可访问性。同时，草案允许公共机构在应对和预防紧急情况时基于公共利益的特殊需要使用互联产品数据。收到公共机构数据使用请求的数据持有者有义务及时提供数据。相关数据若涉及个人数据，数据持有者应当对数据进行假名化处理。除应对公共紧急情况外，公共部门机构基于其他特殊需要使用互联产品数据时，数据持有者有权获得补偿。

3．日本数据要素收益分配制度与实践现状

1）日本对跨境数据服务征税的具体内容

2015 年 10 月，日本正式实施了跨境数字服务征税规则，主要规定如下：一是数字服务征税的范围主要包括电子书、音乐和视频等通过互联网所提供的服务和内容；二是跨境服务主要包括非居民数字服务供应商向日本消费者提供的数字服务；三是结合服务性质与合同条款将跨境数字服务分为两类。第一类是 B2B 数字服务，主要采用反向征税机制，即外国企业在提供数字服务的过程中，要事先向购买服务的一方说明反向征税机制的情况，服务接受者需要承担对应的消费税；第二类是 B2C 数字服务，主要针对数字服务供应商征收税款，数字服务供应商作为相关纳税义务人，除符合小企业税收豁免条件的企业外，均需进行纳税申报，缴纳相应的数字税款。

2）日本确立公共数据是全民所有财产，积极推动公共数据开发共享

2012 年 7 月，日本 IT 综合战略本部（即"高度信息通信网络社会推进战略本部"）正式发布了《数字行政开放数据战略》，指出公共数据是国民的共同财富，强调国家应构建完善的政策体系，推动公共数据的有效利用。此举标志着日本政府构建数据开放政策体系的开端。2013 年 6 月，日本内阁提出了"创建最尖端 IT 国家宣言"，倡导公共数据应面向社会公众开放。

经过一段时间的筹备，2014 年 10 月，日本政府的官方数据开放平台正式上线运行，为民众提供了便捷的公共数据获取途径。2016 年 5 月，日本启动了"开放数据 2.0"计划，旨在推动通过政府数据的开放解决实际问题，并拓展了开放数据的主体、对象和适用地区。同年 12 月，日本内阁发布了首部面向政府数据利用的法律《官民数据活用推进基本法》，从法律角度对开放政府数据供民众使用的流程和要求等作出了规定。随后，在 2017 年 5 月，日本 IT 综合战略本部和官民数据利用发展战略合作机关联合发布了《开

放数据基本指南》，基于日本政府和企业在数据开放领域的实践经验，总结了开放数据建设的基本原则，为日本政府的数据开放工作提供了全面指导。

2019 年 12 月，日本内阁会议通过了《数字政府实施计划》，提出到 2025 年要构建一个让国民充分享受信息技术便利的数字化社会，并将开放数据作为其中的核心要素之一。2021 年 5 月，日本国会审议通过《数字改革关联法》，并于同年 9 月创设"数字厅"，推动数字化相关战略的实施，并对中央与地方政府间不同的数字系统进行标准化和互通化。

日本政府借助《数字行政开放数据战略》的发布，确立了公共数据作为全民共享财富的地位。对于部分采取有偿开放模式的机构，其收取的费用主要用于补贴数据平台的运营成本。日本将公共数据的授权使用与运营纳入许可收费机制的框架中，通过许可授权协议的形式，明确了公共数据的授权条件、范围及费用。这种非独占式的许可模式，以协议的方式明确各方主体的权利、责任与利益，既保障了公共数据资源的安全，又实现了市场主体之间的资源优化配置。市场主体在协议框架内，可以合法、安全、有序地开展公共数据的开发利用工作，彰显了公共数据的公共属性，促进了数据资源的合理利用与共享，为市场主体的创新发展提供了有力支持。同时，许可授权制度也为公共数据的安全性和可控性提供了保障，为日本数字化社会的建设奠定了基础。

4．韩国数据要素收益分配制度与实践现状

1）韩国有意向对跨境数据产品和服务企业征税

虽然韩国政府并未制定以"数字税"为名的法案，但也明确了将对跨境数字服务征税，以维护和保障本国税收权益，避免税源流失。2015 年，参照 OECD 提供的征税方案及他国经验，韩国修订了《增值税法案》，规定向韩国境内提供数字产品和服务的跨境电商必须进行增值税简易登记，相关收入应征收 10%的增值税，征税范围主要包括外国供应商在韩国境内为韩国客

户提供的电子服务，包括游戏、数字影音产品及升级服务等。2018 年，韩国国民议会对《增值税法案》进行修订，提出将对外国信息和通信技术公司提供的在线广告、云计算服务等各种形式的网络服务征收 10% 的增值税，扩大了受增值税约束的数字服务种类。此外，2020 年，韩国国民议会还提出了征收数字资产利得税的草案，对于数字加密货币交易收益中超过 250 万韩元的部分征收 20% 的数字资产利得税，但目前这一草案已被延期至 2025 年生效。

2）韩国政府以公共数据网站推动公共数据开放共享

韩国政府在公共数据管理领域采取了多项举措推动政府转型和公共数据的开放共享。针对原本分属于各个部门的各类公共数据资源，韩国政府建立了统一的公共数据门户平台网站，将各类公共数据资源集中在该网站上进行发布，为数据使用者提供了便捷的查询与使用渠道。2013 年 11 月，韩国政府成立了开放数据中心，为使用相关公共数据的用户提供技术和法律领域的专业咨询服务。同年 12 月，开放数据战略委员会成立，其成员包括来自政府部门和私有机构的人员，旨在协调公共数据政策并评估实施情况，推动公私部门之间的合作。开放数据战略委员会成立后的一个重要举措即制定了《促进公共数据提供与推广基本计划（2013—2017 年）》（又称《开放数据总政策计划》），计划提出，要进一步开放更多公共数据，并建立一套完善的一站式开放数据系统框架。为确保开放数据战略的有效实施，韩国政府指定内政部作为该战略的主要实施机构与领导部门，而公共数据平台网站的运行与维护则由国家信息社会局负责。

近年来，韩国政府在数字经济发展方面取得了一定进展。2020 年，韩国政府颁布了《公共数据法》，并推出了新的数字经济发展计划，明确要求各级政府机关加大对于公共数据开放的支持力度，并构建统一的大数据平台方便公众使用。截至 2021 年 12 月，由韩国智能信息社会振兴院负责建设的公共大数据平台已经拥有来自 977 个机构的将近五万份公开数据文件，开放超过八千个接口，有力支撑了韩国数字经济的蓬勃发展。

3）韩国数据经纪制度加强个人数据管理利用

在个人数据管理方面，韩国率先推行了名为"MyData"的数据经纪制度对个人数据进行管理和利用，以自上而下的方式，完善了相关法规、监管沙盒制度、参与机构准入机制，并统一技术接口，快速推动 MyData 产业发展，旨在在加强对个人数字权利保护的同时，也为企业更高效、合规地利用个人数据提供方便。

MyData 数据经纪制度的核心为 MyData 运营商，主要以信用传送要求权为依据，对零散的个人信用信息进行收集和整理。作为一个综合服务平台，MyData 运营商不仅为用户提供信息的集中查询功能，还可以提供金融产品咨询及资产管理等服务。MyData 运营商需要具有至少 5 亿韩元的注册资本，在系统构建、安全体系、业务计划妥当性、财务稳健性、董事资质、信用信息管理专业性等方面满足相关要求，经韩国金融委员会审核通过后发放许可。

2018 年 7 月，韩国金融委员会正式推出了《金融领域 MyData 行业导入方案》。这一方案以 2018 年提出、2020 年 1 月在韩国国会获得通过、并于 2020 年 8 月正式施行的《信用信息法》为依据，界定了 MyData 产业在金融领域的运营范畴、参与资格条件等内容。2019 年 5 月，韩国科学技术通信部提出将在医疗、金融、公共服务、交通、生活消费等 5 个领域选定 8 个 MyData 服务课题进行沙盒测试，并于 2021 年 8 月起全面提供 MyData 服务。2021 年 1 月，韩国金融委员会向 28 家机构颁发了 MyData 运营商的牌照，标志着 MyData 产业在韩国金融领域的发展迈出了实质性一步。

5．部分其他国家数据要素收益分配制度与实践现状

1）英国、印度等国家在实践中探索对数字服务征税

英国决定于 2020 年 4 月起开始征收数字服务税，主要面向某些由数字企业提供的服务征税，包括社交媒体平台服务、搜索引擎服务、在线市场服务等，税率为 2%。

印度于 2016 年 6 月开始征收均衡税，针对指定的数字服务征收税款，主要面向各种不同形式的在线广告服务，在应收账款总额的基础上征收 6% 的税款。2020 年 4 月，印度对均衡税进行了改革，征税范围从仅包括在线广告服务扩展至包含多项数字服务。

除此之外，还有多个国家先后出台了与数据相关的税收政策，如 2020 年 1 月，新加坡修订了原有的消费税制度，将数字服务纳入了消费税的征税范围；2019 年 11 月，土耳其议会通过了第 7193 号法律，明确规定了将要开征数字服务税，对于在全球范围内营业额超过 7.5 亿欧元，并且在土耳其境内营业额超过 2000 万里拉的服务提供商，其在土耳其境内提供的在线广告、数字音视频等各类数字服务的收入，都将按照 7.5%的税率进行征税；2020 年 5 月，肯尼亚政府在《2020 年财政法案》中提出征收税率为 1.5%的数字服务税，于同年 6 月获批并正式生效；2020 年 7 月，印度尼西亚财政部颁布规定，明确将对在印尼运营、销售数字产品或服务的外国数字企业实施额外的税收措施，征收门槛为在印度尼西亚的年销售额达到 6 亿印度尼西亚盾或年用户数量超过 1.2 万名，相关企业在通过在线广告空间销售、用户互动、中介服务及出售用户生成的信息数据等方式获得收入时，需缴纳 10% 的增值税。

2）公共数据开放共享也是英联邦国家的共同数字经济发展战略

英国在公共数据开放共享方面主要依托 2005 年颁布的《公共部门信息再利用条例》等，有偿提供可供公众使用的公共数据，其定价则由包括政府、研究机构、企业和个人在内的多方主体共同商议确定，数据价格每年也将根据实际情况进行上下浮动。出售公共数据的收益则主要用于补贴相关数据的运营成本，其典型案例为英国国家医疗服务体系（NHS）采用的数据有偿授权使用机制，依据数据的使用目的，以及 NHS 在提供数据之前是否需要对数据进行额外加工处理，分类分级收取费用。

2018 年，英国制定了"智慧数据计划"，旨在围绕银行、金融、通信、能源和养老金等重点领域，在确保获得用户授权的前提下，将原本零散的个人和企业数据，依据相关标准合规且安全地分享给受到监管的第三方使用。2021 年 6 月，智慧数据计划工作组提交的报告指出，通过提高数据流动和分享的安全性，英国消费者和企业均获得了实质性的利益，为英国经济带来了上百亿英镑的增值。

加拿大从 2011 年开始将开放数据纳入开放政府工作中，相继出台了《开放数据指令》《开放政府与隐私保护指导》等法规政策，在国家层级，以及安大略、温哥华等省市层级都分别建立了政府公共数据开放平台网站，提供各类公共数据集和相关工具以供公众使用，并实现了不同层级平台之间的互联互通。

2013 年 6 月，澳大利亚发布了《公共服务大数据战略》，明确提出了"强化数据开放"的核心理念，即除特殊情况外，所有政府大数据项目的成果都应向公众开放，在相关数据分析过程中生成或用到的数据集也应当被一同上传至澳大利亚政府的公共数据开放平台网站以供公众查阅和使用。

2015 年 12 月，澳大利亚进一步发布了《澳大利亚政府公共数据政策声明》，再次强调了公共数据的开放原则，指出非敏感数据在默认情况下都是开放的，应当免费提供给公众使用，并具备良好的易用性和高可靠性的应用程序编程接口以确保数据的有效利用和共享。

2011 年，新加坡颁布了《新加坡电子政务总体规划（2011—2015 年）》，旨在为政府公共数据开放提供明确的规划指引。新加坡建立了对应的公共数据开放平台网站，还制定了一系列法律法规，包括《信息安全指南》《电子认证安全指南》《网络行为法》《网络内容指导原则》等，对数据的安全和使用等方面作出了规定。此外，为进一步加强对公共数据安全的监管，新加坡在 2019 年成立了公共数据安全委员会，其主席由主管公共部门数据管理的副总理担任，负责定期对数据安全策略和实践进行审查，以确保数据的安全性和合规性。

新西兰自 1997 年起陆续发布了《政府持有信息政策框架》《新西兰政府

数据管理政策与标准》《开放和透明政府声明》《高价值公共数据再利用的优先级与发布——流程与指南》等指导政策，对政府数据的开放和利用作出指引，并于 2008 年开始实施"政府信息和数据开放项目"，向公众开放高质量公共数据。2011 年发布的《新西兰数据和信息管理原则》明确了公共数据开放的几项原则，包括开放性、受保护性、可读性、可信与权威性、价格合理性、再利用性等。

二、数据要素收益分配制度的发展困境

（一）数据要素的自身属性加大了收益分配的难度

数据要素具有不同于土地、资本等传统生产要素的非竞争性和非排他性特征，数据要素不排斥多个主体同时使用，也可以被多个主体在多个场景下同时使用，而传统要素不能同时被多个主体使用，且一个主体使用后要素价值可能消失或减少，而数据要素的价值则不会被削弱，并且不同主体在使用数据要素过程中创造的价值也是不同的，且非常复杂。数据要素的特殊属性使数据要素价值链上的参与主体复杂难分且难以进行价值评估和定价，进而增加了数据要素收益分配的难度。

数据要素具有外部性特征，数据的使用会对其他经济主体产生影响。数据的收集、加工和使用能够为企业带来生产效率的提升，加速其数字化转型进程，对企业形成正外部性。但是数据在被广泛使用过程中可能会产生用户隐私泄露或企业机密外泄等，而且可能会对拥有数据产权主体的利益造成损失，产生负外部性。数据要素这种复杂的外部性特征使数据要素的收益分配很难通过市场化配置来实现。

数据要素具有虚拟性和强协同性特征。数据要素与资本、土地等具有实体形态的传统要素不同，数据要素是虚拟形态，主要表现形式为数字、图表、视频、语音等，数据要素作为虚拟资产，相对于实体资产来说价值更加难以

评估和定价。而且数据要素这种虚拟资产大多需要与资本、人力等传统要素深度融合、实现协同才能发挥其最大化价值，但是从融合协同形成的最终产品中分离出由数据要素所创造的价值仍十分困难，进一步加大了数据要素收益分配和再分配的难度。

（二）数据产权难以界定，收益分配主体不明晰

数据产权的界定和明确是数据要素实现收益分配的重要基础和前提，但也是目前数据定价及收益分配实现的重要难点和痛点。目前采用数据产权分置方式，将产权分解为数据所有权、数据使用权、数据加工权、数据运营权等。但在数据要素收益分配实践中，产权分置如何参与收益分配过程，其依据的基础都需要进一步明确。目前，对于数据要素所有权、使用权、收益权等没有明确的规定和相应的规则，导致由数据要素运营所产生的经济收益不确定是应该分配给数据原始拥有者，还是分配给对数据进行收集、加工处理的企业或者政府等主体。而且由于数据要素价值的低密度性、主体复杂性、可复制性等特性导致数据产权的界定和明确更加困难，数据要素收益分配难度更大。

数据要素参与分配主要由市场决定贡献，再由贡献决定报酬，但对哪些主体的贡献进行评估以参与数据要素收益分配仍存在争议。在实际应用过程中，数据原始拥有者、数据产品加工者等多主体都应该成为分配主体，参与数据要素收益分配。但是目前企业平台作为数据的拥有者，对数据具有控制权，数据所产生的收益大部分都流入企业平台手中，数据提供者——个人目前尚未享受到数据要素流通交易后产生的收益和红利，导致无法平衡各个分配主体的利益，进而使数据要素收益分配不公平。

（三）数据要素价值难以评估，数据定价方法不成熟

数据要素的价值创造过程范围和边界难以确定。数据要素产品及服务的

全生命周期一般涉及收集、加工处理、存储、使用等多个环节，相比于传统生产要素，数据要素在各个环节中都是相对独立互不影响的，而且数据要素在每个阶段都可以满足一些应用场景需要，进而产生一定价值，并非像传统生产要素一样，需要所有阶段环节完成后才能实现价值最大化。因此，数据要素价值实质上是动态变化的，很难进行静态完整地评估。此外，数据要素具有非竞争性独特属性，数据可以同时供应给多个消费者，且数据要素的可复制性也使其可被无限分享传递，数据在不同消费主体使用过程中所产生的价值可以完全不同，而且数据要素要和其他一些生产要素融合协同才会实现价值最大化，使对数据要素价值进行评估更加困难。

数据要素价值难以评估，数据定价方法技术不成熟，相应的数据要素就很难形成合理的市场价格以完成对数据要素的定价。传统的定价方法不能完全适用于数据要素，而目前的数据要素定价方法模型比较单一，对复杂的数据应用场景很难实现对数据要素价值的科学合理评估和价格的动态调整，缺乏统一的数据定价标准和数据定价模式框架，导致数据要素收益分配缺乏基准点，使一些数据要素分配主体的利益受损。

（四）数据交易机制不健全，合理的数据市场价格难以形成

数据要素实现参与收益分配的关键是实现数据要素的市场化运行。数据只有流通和使用，才能有效解决数据孤岛、信息孤岛问题，降低企业的信息成本，使数据创造更多的价值。数据的流通交易涉及数据交易平台的建立、数据交易准入规则、数据交易运营模式、数据的价值评估和定价、数据交易的监管等一系列环节，各个环节都需要完善健全的规则体系来保证其正常健康流通。对于数据要素的交易运行体系，我国正在探索实践过程中，各个数据交易市场平台相对比较独立，尚未形成规范统一的数据交易市场规则体系，有待形成科学成熟的数据交易模式，监管体系尚处于相对空白阶段，导致我国数据要素市场发育不充分、不健全，数据要素市场功能不齐全，数据要素市场配置受到极大限制，难以形成科学合理的数据要素价格。

此外，数据交易市场竞争机制不健全，从实践上来看，目前数据交易数量不是很多，数据交易平台管理不完善，数据交易市场信息透明度不高，能在市场上获得的交易信息较少，导致交易过程中易出现信息不对称、不透明等问题，进而造成交易市场的垄断现象，也使数据要素价格形成不合理，数据要素收益分配失去公平性。

三、数据要素收益分配制度的框架体系

（一）数据要素收益分配制度的形成机理分析

数据要素分配一般会经过初次分配和再分配等过程，主要为解决收益的分配效率和公平之间的平衡问题。当前数据要素收益分配同样面临类似问题，主要是各参与主体的收益权如何明确和实际收益在不同主体之间的平衡。目前数据要素价值实现过程的参与主体按照持有数据类型主要可分为政府、企业和个人三类，分配制度建设需要综合考虑这三类主体的收益权及相互之间的分配关系，从而形成系统化的分配制度框架。一是需要明确界定不同主体参与数据要素分配的收益权；二是基于收益权来完善不同主体参与数据要素收益分配的方式，形成统一、规范的制度安排，逐步解决影响分配效率的数据价值和定价体系问题；三是针对个人主体建立相应分配制度，在个人信息保护法的框架下，合理保障个人数据的收益权；四是针对由数据要素特征导致的初次分配难以保障公平的问题，建立由政府引导的科学再分配制度。

（二）数据要素收益分配制度的逻辑框架

要素市场制度建设的总体原则是"价格市场决定、流动自主有序、配置高效公平"，分配制度重点回答的是如何保障要素"配置高效公平"。对于政府主体，其保有大量公共数据，应通过鼓励参与收益分配的制度，来充分挖

据公共数据中包含的价值,并配套相应的保障制度,使基于公共数据的商业运营和公益服务能够良性循环与发展。对于企业主体,一方面保有自身企业数据并参与公共数据的商用开发利用,另一方面通过其服务汇聚个人数据,形成大量数据集。分配制度应在较为清晰的法律法规权益框架下,明确企业主体主导数据要素通过市场的流通、配置和应用过程。由企业主体支付的个人报酬所得、各类税费,以及对公共数据、个人数据的使用费用等,构成了初次分配主要成分。对于个人主体,其理论上有个人数据的持有权等权益,但在分配环节,缺乏完整的分配制度设计,也缺乏个人数据要素收益分配保障。基于以上分析,提出数据要素收益分配制度的逻辑框架如图 4-1 所示。

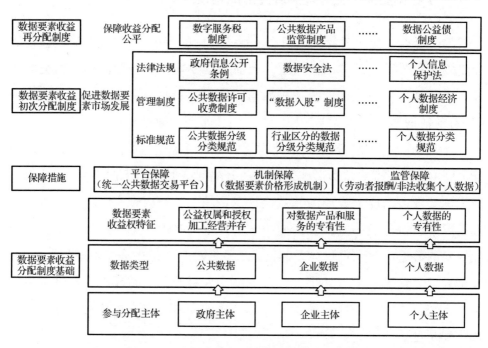

图 4-1 数据要素收益分配制度的逻辑框架

逻辑框架基础是明确数据要素收益分配的参与主体和对应的收益权特征,在制度建设上可以进一步围绕标准规范、管理制度和法律法规来进行系统化梳理,形成完整的制度框架。其中,法律法规用于保障和规定相应主体参与数据要素收益分配的权利和义务,标准规范需要明确不同数据类型和不同行业应用中的数据特征，从而确保具体管理制度能够准确反映和支撑数据要素市场的发展需求。具体管理制度需要体现不同主体以及主体之间的分配原则和分配方式，在数据要素收益初次分配阶段，以效率优先，支撑数据要素的有序流动。在数据要素收益再分配阶段，需要重点根据数据要素的强协同性、复杂外部性等特征，重点考虑收益分配公平性问题，建立完善的个人数据保障制度，从财税制度端研究相应的配套措施。

四、数据要素收益分配制度的发展路径

（一）完善政府主体参与收益分配的制度和机制，加快推进公共数据开放共享

政府主体主要持有两大类数据：政府机构的政务数据与政府主体在公共空间产生的非私有数据（以下统称为公共数据）。公共数据开放是我国以及其他国家和地区的共同战略，例如，政务数据都是面向公众免费开放的，对于部分基础的公共数据，公众也可以通过网站等渠道访问和下载。但在具体实践中，由于政府主体在收集和挖掘公共数据初始价值过程中会投入一定量的成本（人员、资金、设备等），并在一定环境下确保数据的安全，形成基于政府相关数据的服务，因此必须从收益分配制度上考虑政府主体参与的相应制度安排。

1．参考"分享—控制"一体化的公法原则明确公共数据要素收益权

由于政府主体既需要承担公共数据的开放共享职能，还需要对敏感数据的获取和使用进行一定的控制，以保障整体数据安全，因此参考公法系统上的"分享—控制"一体化理论，政府明确了对公共数据的持有权，并享有参与收益分配的权益。但从收益分配角度来看，这种权益并不是专有的，不影响基础数据可公开获取的属性。当其他主体有需求时，政府主体可以通过相

应的授权渠道，签订相应部分公共数据加工使用权或经营权的授权合同，获得相应对价，从而实现政府主体参与数据要素收益分配过程。政府主体为挖掘原始公共数据集中包含的价值而投入的资源成本，则应该成为相应对价的参考基准。

2. 政府主体参与数据要素收益分配的方式与制度建议

理论上，政府主体将其所持有的公共数据对外授权的主要对象为其他政府主体和企业主体。政府主体通过对外授权公共数据获得的收益包括两种方式：一是将初始的公共数据集加工使用权授权给企业主体来进一步开发相应数据集产品。由于企业主体投入了相应资源，对应就取得了产品和服务的持有权，这种持有权是专有的，企业主体可以据此获得相应收益权，无须再向政府主体进行分配；二是以初始公共数据集为基础，授权其他主体开发相应数据服务并持续利用后续公共数据进行运营。在这种情况下，由于数据运营需要政府主体持续更新公共数据集，所以政府主体可以参与服务运营过程中，并获得持续的收益分配。

政府主体的分配制度建设重点针对政府主体对企业主体的授权过程。由于授权用途、方式不同，其收益分配方式也应多样化，可以建立以下分配方式和配套制度：一是公共数据许可收费制度。通过许可授权协议的形式，确定政府主体在这过程中收取的费用。当然，如何对公共数据进行定价应该符合相应的规则；二是公共数据服务行政收费制度。其本质是政府在提供公共服务和公共基础设施过程中，面向特定对象收取成本费。在授权服务运营中，政府可以使用此方式来进行收益分配，但这种方式的收费标准核定应该遵循相应行政管理原则。三是对政府的数据产品提供技术服务支撑。由于政府在授权公共数据运营的同时，也承担着公共数据开放的职责，在应用场景中探索使用提供技术服务等方式来替代部分商业费用，利用对政府的技术服务支撑，来形成更加完善的公共数据服务系统。

3．建立统一集中的政府数据开放平台，健全公共数据资源开放、收益合理的分享机制

由于政府主体参与数据要素分配的产品和服务是公共数据集，既要保障公共数据的开放性，还要确保其包含的商业化价值可以被充分挖掘，所以应建立统一的政府数据开放平台。平台建设应基于相应的数据采集标准，实现公共数据集的内容、形式的规范。基于平台将政府持有的公共数据集进行可控授权并获得合理化收益，同时利用收益持续支撑相应数据开放平台建设和运维。

同时鼓励企业主体参与授权经营后形成的具备普惠性的数据产品和服务，可以纳入统一的政府数据开放平台中，并采用合适的分配方式给予企业一定的对价。

（二）构建市场化分配机制，促进企业主体更积极地投入数据要素生产和流通过程

企业主体通过研发、生产、流通和服务等经营过程，会产生并汇聚大量不同来源和不同类型的数据，并最终形成具备潜在价值的数据集。

1．明确企业主体参与收益分配的权益，保障企业持续参与数据要素市场

企业主体的数据要素收益权源自企业作为数据生产和流程阶段的参与主体，在数据生产和流程阶段，投入资源并得到最终数据集、产品或服务后形成的专有持有权。具体的数据价值实现过程包括从初始数据集到专有数据集，以及在专有数据集基础上，通过算法和训练等手段，形成数据产品和服务等阶段。在实践中，需要建立数据产品确权制度来认定权益归属，这样才能促进企业加大在相应数据产品和服务上的投入力度，避免企业因为收益权益不明晰而不愿或少量地投入。

在确权制度设计上，需要明确以下关键权益范围。

一是企业使用政府或公共数据来完成的专有数据集或产品服务,除向政府主体支付对价并完成分配过程,企业主体对相应产品服务具有专有持有权,可以进行单独确权。

二是多个企业主体之间通过合作贡献数据集并完成的数据产品和服务,由于参与的各个数据集原本均为各企业主体所专有,所以数字产品和服务的持有权应按照贡献多少进行确权,并作为后续收益分配的基础。

三是企业主体使用大量个人数据来研发和支撑其数字产品及服务运营,目前在理论上和实践上,均不支持个人数据参与相应确权过程,而支持企业主体将数字产品和服务整体确权,但个人数据的相应权益也应在分配过程中有所体现,具体方法在个人主体部分将展开论述。

2. 明确企业主体参与数据要素收益分配的方式与制度建议

企业主体通过数据生产和流程参与数据要素收益分配,具体包括以下内容。

1)企业主体为政府主体提供数据产品和服务

在这种情况下,企业主体经过确权后的数据产品和服务满足政府实行其职能过程中的某方面需求,政府主体以政府采购的方式来完成相应过程,收益分配在这一过程中完成。由于数据产品和服务具有数据来源多样化、复杂的外部性等特征,在具体制度安排上建议针对数据产品和服务建立和完善相应的政府采购制度,完善相应政府采购数据产品和服务的分类目录,规范采购对象,同时考虑到数据产品动态变化的特点,为相关品目的扩展、细化预留空间,作为企业为政府提供数据服务的参考依据。

2)企业主体为其他企业提供数据产品和服务

这是通过市场化途径来完成收益分配的过程。但这一过程,随着数据要素市场的成熟,可以呈现多样化的方式,具体包括以下三种方式。

一是数据产品和服务使用权的直接交易。这是现阶段实践中使用较多的方式。包括微信、支付宝等互联网平台上通过数据接口提供的服务，以及各类交易所平台上提供的大多数产品服务。

二是数据产品和服务专有持有权的转移。这种方式实际上将数字产品和服务确认为一类资产，将资产在不同主体间进行转移并实现对价。转移后，相应的数据产品和服务的收益分配参与主体也对应发生改变。

三是以数据产品和服务进行股权性投资。这种方式是数据产品和服务的持有主体，将产品和服务作价后，认缴有限公司或有限责任公司股份的出资额。在这种方式下，需要制定数据产品投资相关制度，包括数据资产估值、投资制度等。

3）企业主体与个人主体之间的收益分配方式

当企业主体在开发数据产品和服务过程中使用大量个人数据的时候，就涉及企业主体和个人主体之间收益分配方式的问题。目前从理论和实践上看，通常个人主体无法因为个人数据参与了数据产品和服务的形成过程，就自动获得该数据产品和服务的持有权的一部分，并直接参与收益分配。但与此同时，企业应承认并考虑个人数据的贡献。

此外企业和个人主体之间还存在劳动分配激励机制。数据要素作为新的生产要素，劳动者参与其中的贡献度还没有长期的实践标准，劳动者参与数据产品和服务的贡献度往往被低估，参与收益分配的方式比较有限。而企业主体作为初次分配的关键环节，应在制度安排上综合考虑以下方面：一是鼓励企业按照市场机制择优配置各类要素投入数据生产活动，并给参与的劳动者支付合理的报酬所得；二是围绕数据要素资源化、资产化等过程，对劳动者有一次性或中长期激励机制，如项目提成、特殊津贴、技术入股等方式，进一步提升个人主体参与数据要素收益分配的比例。

3．面向企业主体建立数据要素价值评估制度

通常情况下，企业主体通过市场化手段进行数据要素的定价、交易，并最终和不同主体完成相应收益分配过程。但在目前实践中，由于数据要素的特殊属性导致其市场机制经常失灵。例如，采用公共数据形成的数据产品和服务，利用其垄断市场地位来抬高数据产品和服务的价格；利用多个主体贡献数据集形成的数据产品，虽然"按照贡献决定收益"，但由于数据要素本身多样化的特点，目前难以单独和准确地评价个人数据或者一段专用数据的贡献度。

建立按照行业区分的数据分级分类制度是提升数据要素收益分配效率的主要基础。不同类型的数据、不同行业的数据，其具体特征、规模、应用模式、面向的客户等都不尽相同，所以不存在一套通用的分配模式。只能从应用角度出发，面向不同行业，对数据进行分级分类，并以此为基础形成更符合应用领域实际情况的定价、评估、交易模式。

（三）界定个人主体的数据要素收益权，建立个人数据要素收益保障制度

个人数据和个人信息高度重叠，不仅有个人的特征数据，还包括个人各类行为最终产生的数据，如上网、购物等产生的相关个人数据等。

1．基于个人信息保护法明确个人主体的数据要素收益权

就个人信息权益而言，有知情权、决定权、删除权、更正权、补充权，以及个人信息受必要措施保护的权利。但在目前理论和实践上，个人信息的相关权利并不直接参与数据要素收益分配。但个人在平台上提交相关数据应受到个人信息保护法的保护，如果因为数据产品和服务的使用而导致个人数据被滥用或个人隐私被侵犯，个人具有依法索赔的权益。虽然在目前实践中，还未形成个人数据要素收益的直接分配制度，但由于个人信息保护法的存

在，在制度设计上，就需要综合考虑，既能够发挥企业主体利用个人数据开发产品和服务的积极性，促进数据要素市场成熟，也要平衡在过程中确实主动或被动提供了原始数据的个人数据要素收益。

2. 明确个人参与数据要素收益分配的方式和渠道，建立个人数据经纪制度

个人主体可以作为数据供给者为企业或政府提供原始个人数据；部分个人主体也可以利用其技术能力直接参与数据生产和流程过程。

1）建立个人数据经纪或数据银行制度来保障和促进个人数据供给

当个人作为数据供给者时，相对其他主体而言处于弱势一方，目前个人数据要素的分配形式主要通过使用企业提供的服务或享受更优质的服务间接实现。但由于网络外部性，拥有较多用户的平台企业很可能在其行业内形成垄断势力，进而对个人数据进行过度开发或买卖。

目前国内外都在实践中采用个人数据银行或数据经纪人来提高个人主体参与数据要素收益分配的权重。类似制度安排以用户个人数据的所有权、知情权、隐私权和收益权为核心，授权相应的用户个人数据资产综合管理与运营平台，开展个人数据资产的确权、汇聚、存储、管理、运营、增值服务和收益分成，实现个人数据的产权化、资产化、集中化、服务化、专业化和收益化，解决个人数据采集的合法性、积极性和有效性问题。通过引入个人数据经纪或数据银行制度，用户从数据的被动采集者成为主动存放者，在保护用户的隐私权、所有权与收益权的前提下，个人数据可以分享和使用。

2）明确数据技术服务合作制度，确保个人和企业主体之间的收益分配保障

当个人作为数据产品和服务的开发者时，如果和企业主体之间通过雇佣关系获得相应薪酬性收益，此时个人仅作为劳动者参与收益分配过程。但当个人作为独立开发者时，其完成的数据产品和服务应同样获得相应的持有

权，并应保障个人可以获得直接参与收益分配的权利。

3. 建立健全个人参与数据要素收益分配的保障机制

一是促进劳动者的贡献和劳动报酬相匹配。目前个人从事相应数据产品开发、数据标注等工作，应综合考虑其工作量和数据产品或资源价值的关系，建立与贡献相匹配的薪酬保障制度。二是在数据产品确权制度中确保个人开发的数据产品或服务具备与企业主体或政府主体同等的数据要素收益权。三是针对个人数据的使用进一步完善相应的保护机制，建立针对违法违规的数据事件的行政处罚制度。同时应该配套建立监管罚没鼓励机制，如有奖举报等。通过这些方式来落实个人数据的相关权益。

（四）建立数据要素收益科学再分配制度，保障数据要素收益分配公平性

1. 参考国内数据要素市场发展特点，研究数字服务税收制度

目前跨国互联网平台企业是海量用户数据及其他类型数据的汇聚点和主要控制者，容易依靠规模优势和自身的算法及算力优势赚取超额利润，且有更多手段来享受海外税收优惠。针对相应具有垄断地位的平台企业，研究针对性的数据产品和服务所得税，在弥补相应税收流失的同时，可以利用税收收入加强公共服务供给，扶持中小企业发展，或补偿原始数据提供者。但潜在风险在于平台企业也可以做相应的成本转嫁，反而加重收益分配不公的问题，所以数字服务税收制度在设计上应该充分调研和谨慎探索。

2. 引导大型数据企业承担社会责任，强化对受数字经济冲击的弱势群体的保障帮扶

国内分配制度建设上，可优先考虑引导企业来承担相应社会责任。一是引导企业开展相应数据要素生产和流通的培训，开展面向社会群体的数据普

及教育等；二是推动企业按照区域要素配置的不同，在数据要素市场欠发达，但数据要素劳动力供给较为丰富的地区，设置相应数据加工等生产环节，研究不同区域在税收统筹、算力补贴等政策方面的协同机制，借助政策引导来调节不同区域间的要素收益再分配。

3. 建立数据要素收益的监管制度

在数据要素收益分配过程中，针对政府主体，明确其在公共数据要素收益权的基础上，允许政府主体开展数据授权运营，针对这一过程，存在着公共数据授权收费合理性等问题，政府主体应针对公共数据产品形成指导价格，对价格进行监督，可采用举办听证会的方式进行定价。

同时政府主体也会以政府采购的方式从企业主体处采购相应数据产品和服务，针对这些环节，需要形成相应的监管制度，与市场化机制相辅相成。

4. 鼓励各类企业依托公共数据开发提供公益服务

在政府授权下，企业依托公共数据开发的数据产品和服务，一方面可以商业化运营，基于其专有的权益获得收益。另一方面，其公共数据也需要面向公众提供更好的公益服务。因此作为分配制度的一个环节，应采用专项补贴、政府项目引导等多种方式，优先支持相应企业开发面向公众的免费版数字产品和服务。

CHAPTER

5

第五章
数据安全治理制度研究

2022 年 12 月,《中共中央 国务院关于构建数据基础制度更好发挥数据要素作用的意见》,明确提出把安全贯穿数据治理全过程,构建政府、企业、社会多方协同的治理模式,创新政府治理方式,明确各方主体责任和义务,完善行业自律机制,规范市场发展秩序,形成有效市场和有为政府相结合的数据要素治理格局。建立安全可控、弹性包容的数据要素治理制度,构建政府、企业、社会多方协同的治理模式,有利于提高数据要素治理效能,助力国家治理体系和治理能力现代化。

一、数据要素流通面临的主要安全挑战

数据开放共享和数据交易是数据流通的重要方式。近年来,我国政府、企业和公众对数据资源的采集、挖掘、应用和治理不断深化,政务数据开放加快推进,公共数据授权运营和企业间数据共享、交易加快探索,政务、企业、个人等各类数据加速融合,推动了数据要素市场的快速发展。但数据安全风险和挑战的不断涌现,逐渐也在成为制约数据流通的主要障碍之一。

(一)数据大规模汇聚,导致遭受攻击的风险加大

近年来,在一系列利好政策的推动下,我国数据资源规模快速增长,截至 2022 年年底,我国数据存储量达 724.5EB,全球占比达 14.4%;数据开放共享加快推进,我国已有 208 个省级和城市的地方政府上线政府数据开放平台,平台上有效数据集呈爆发式增长,从 2017 年的 8398 个增长至 2021 年 3 月的 476849 个。大量数据汇聚和分析使用,若存在访问控制机制不健全、缺乏敏感数据保护措施等问题,则极易发生非法访问、数据窃取、数据泄露、数据篡改等事故,数据被敌对势力或数据牟利者作为攻击目标的风险增加;同时,一些国家支持的黑客组织或数据黑产从业者通过社会工程、勒索病毒等手段,大肆进行数据窃取、篡改或破坏等活动,以达到情报窃取、破坏关

键信息基础设施运行、敲诈勒索等目的；海量开放或共享的数据，有可能被数据挖掘和关联分析，进而对个人隐私、企业商业秘密，乃至国家安全构成威胁。

（二）开放共享增加了数据的暴露面，泄露风险加大

数据流转过程涉及众多数据处理环节与参与者，数据不免被各方调取、使用或存储到本地。随着数据访问范围的扩大，数据超范围共享、扩大数据暴露面等问题也随之增加，任何一个关键环节或参与者的安全保护不到位，都可能导致数据被未经授权地访问和使用，进而引发数据泄露或滥用，并对个人隐私、企业合法权益乃至国家安全产生影响。例如，作为数据流通中介的数据开放或共享平台，多与数据提供、数据需求等各方系统互联，系统软硬件漏洞、技术防护不当、内部人员疏忽等都将可能成为安全薄弱点，被攻击者利用并实施数据窃取、篡改等活动。

（三）数据流通涉及多方主体，安全责任界定难度大

数据开放共享涉及数据拥有者、数据提供方、数据开放或共享平台、数据需求方等多方主体，数据交易也涉及数据需求方、数据供给方、数据交易所、数据商，以及资产评估、质量评估、安全风险评估等机构，这些机构的定位、功能、资格条件、行为规范等都还缺乏明确具体的要求。在数据流转环节中，各方的数据安全权利和义务边界变得模糊，数据安全责任界定难度加大。一方面，数据来源的合法性应当得到保障，但由于权属不清、超范围使用等原因，数据来源可能存在瑕疵；同时，数据的开放共享范围应当充分识别并得到评估，但若数据提供方、数据开放或共享平台等相关主体未建立数据分类分级制度，未能识别重要数据或敏感个人信息，或数据脱敏等技术手段存在缺陷，则可能造成开放或共享了不应开放或共享的数据，带来数据安全风险。另一方面，由于数据所有权与控制权分离，一旦脱离供需双方控制范围被第三方获取，引发违规使用行为或数据泄露事件，传统"谁运管谁

负责"的安全责任原则便难以适用。各方主体若并未部署数据安全监测、审计等措施,则一旦发生数据泄露等安全事件时,回溯泄露源头、追踪泄露路径等将成为重大的安全挑战。多主体间数据流转风险分配规则尚未形成,也会影响市场主体参与数据流通的积极性。

（四）技术标准尚未统一，数据安全技术可靠性不足

当前数据交易还处在探索期,各地数据交易量小,交易技术的安全性、可靠性还没有经过大量交易实战检验;区块链、联邦学习、数据沙箱、隐私计算等新理念、新技术层出不穷,但尚未形成业界共识和成熟的技术标准。以人工智能为代表的新技术应用在深度学习过程中,需要大量数据样本和算法练习,"数据污染"可能导致算法模型训练成本增加甚至失效,"数据投毒"也会破坏原有训练数据而导致模型输出错误结果,引发人工智能的决策偏差或误判。此外,作为数据流通的重要技术,隐私计算在解决市场主体数据合规难题和实现数据融合"可用不可见"的同时,也面临算法协议安全等新挑战。一方面,隐私计算产品的算法协议差异化较大,执行环境则更多依赖于硬件厂商的安全技术,难以形成统一的算法安全基础。另一方面,由于不同的隐私计算平台是基于各自特定的算法原理和系统设计实现的,平台之间互联互通的壁垒成为隐私计算面临的新挑战。

二、国外数据要素安全治理实践

国内外在数据开放共享过程中都高度重视安全问题。在欧盟公共数据空间、美国政府数据开放等进程中都加强了安全治理实践,包括受控非密信息管理、隐私风险控制、技术保障要求等。国内也在加快推进数据分类分级保护、全流程数据安全管理等政策和标准规范的落地实施。

（一）欧盟公共数据空间中的安全治理

数据空间是欧盟数据战略的关键政策措施，被定义为"互相信任的合作伙伴之间的数据关系中的一种类型，各参与方应用统一标准和规则对数据进行存储和共享。"欧盟初步创设了制造业、绿色协议、健康、金融、能源、农业、交通等数据空间，并计划投资 40 亿～60 亿欧元，以支持构建数据共享体系架构、治理机制、高效能和可信赖的云基础设施。2022 年欧盟委员会发布的关于欧洲数据公共空间的工作文件中，强调了数据空间应具有的一些关键特征，数据安全和隐私保护是其核心，具体包括：有安全且能够保护隐私的，用于汇集、访问、共享、处理和使用数据的基础结构；有明确和可靠的数据治理机制；尊重与个人数据保护、消费者保护法和竞争法相关的规则；数据持有者有机会访问或分享他们控制下的某些个人或非个人数据，以欧盟健康数据空间为例，数据空间强调个人对自身数据的控制，尊重和保护个人数据访问等相关权利；强调数据处理环境的安全性，数据共享相关主体应当符合安全性要求；强调建立数据共享治理机制，从共享数据、行为等方面提出明确要求以确保共享活动的安全。

（二）美国政府数据开放中的安全治理

美国是全球数据开放运动的倡导者和领先者。早在 20 世纪 60 年代美国就发布了《信息自由法》，规定了政府向民众提供行政数据的义务，并指出"政府信息公开是原则，不公开是例外"。此后，美国政府颁布了几十部政府数据开放的法案、战略和政策，推进政府数据开放，促进数据的有效利用和价值实现。美国在政府数据开放进程中，高度重视信息保护和隐私安全，将限制公开和传播的信息纳入受控非密信息并进行管理，强化隐私风险控制和数据安全保障，力求实现数据开放共享与隐私保护、数据安全的平衡。

1. 建立受控非密信息管理制度，对由美国政府产生或持有的、需要传播控制的数据进行保护

美国政府数据开放过程中，为保护个人隐私、国家安全、商业秘密等信息，各行政机关根据自身实际制定出台了一系列政策，这种各自为政的混乱做法导致信息标识不一致、保护标准不统一等，阻碍了正常的信息开放共享。为此，美国建立了统一的受控非密信息管理制度。

美国定义的受控非密信息（CUI），是指"由美国政府产生或持有的，或由代表或服务于美国政府的非政府机构接收、持有或产生的联邦非密信息，需要采取一定的信息安全措施加以防护，并控制其传播和使用"①。美国 CUI 管理从 2010 年起正式以总统行政令方式推进，第 13556 号行政令指定国家档案和记录管理局（NARA）作为 CUI 主管部门，要求其明确受控非密信息的分类标准并确定统一的标识，各行政机关梳理形成受控非密信息清单并向主管部门提交。2016 年受 NARA 委托，承担 CUI 管理工作的信息安全监督办公室（ISOO）发布相关政策，明确 CUI 的认定、保护、传递、标识、解除控制、处理政策，并对自我检查和监督管理提出要求①。目前美国 CUI 共分为 20 大类、125 子类，20 大类包括关键基础设施、国防、出口管制、金融、情报等。所有 CUI 均需进行登记，登记的 CUI 设定了保护等级，以防信息非授权窃取或疏忽泄露；设定了传播控制等级，以限制信息的传播范围，包括禁止对外传播、仅限联邦雇员、不得向承包商传播、传播清单受控、仅向经授权的个人发布、仅显示等①。

美国任何产生或持有 CUI 的政府机构或代表（或服务于）政府的非政府机构，都应采取保护和控制措施，保护 CUI 免受未经授权的侵害访问，管理与 CUI 的处理、存储、传输、销毁相关的风险。针对 CUI，美国国家标准与技术研究院（NIST）发布了一系列标准规范，提出保护 CUI 的一般安全要求和增强安全要求等。

---

① 赵墨颖，刘克清，周俊，等. 美国 CUI 安全保护体系研究及启示. 信息安全与通信保密.

2．注重政府数据开放和个人隐私保护的平衡，通过隐私影响评估、去标识化等手段强化隐私风险控制

在政府数据开放进程中，美国认为无限制地开放会妨碍合法保护的数据，进而侵犯个人隐私、危害国家安全等，因此在追求数据开放的同时，也高度注重影响公民社会福祉的事项，如个人隐私、商业秘密保护、国家安全等。在美国政府数据开放相关法律政策中，要求通过美国政府开放数据网站获取的所有数据必须符合当前的隐私要求，且政府机构负责确保通过美国政府开放数据网站获取的数据集有所需的隐私影响评估或记录通告，并且很容易在其网站上被获取[①]；同时要求政府机构执行"公平信息实践原则"和 NIST 相关标准要求，评估隐私信息开放的风险及影响，为隐私信息提供安全保障。美国政府数据开放，一方面要遵循隐私保护的基本规则，另一方面要采取必要的管理和技术措施，保护个人隐私信息的保密性、完整性和可用性。

3．将数据安全视为政府数据开放的重要保障，提升对政府数据资产的安全保护能力

2019 年美国白宫行政管理和预算办公室（OMB）发布《联邦数据战略与 2020 年行动计划》，确立了政府范围内数据开放共享和数据安全的框架原则。该计划强调数据开放共享与数据保护并重，指出随着政府机构之间以及整个公私伙伴关系之间数据共享的增加，数字安全漏洞和对个人隐私的担忧会随之产生，需要在数据共享带来的广泛公共利益、保护隐私和维护安全之间取得恰当的平衡。计划围绕政务数据安全提出了三方面措施：一是提供安全的数据访问机制，评估政府机构数据能力的成熟度，维护高完整性、高质量的政务数据资产；二是通过人员培训、工具建设等手段提升数据分析、评估等关键数据活动的能力；三是测试、审查、部署安全可靠的数据传输通道，并评估数据发布风险，降低敏感数据重新识别的风险，确保政务数据的安全开放共享。

---

① 陈美. 开放政府数据的隐私风险控制：美国的经验与启示. 情报杂志.

（三）美国数据经纪人中的安全治理

美国数据经纪人模式存在一定的局限性，数据经纪人作为中介组织，其采集和使用数据的行为难以被有效监督，尤其是涉及数据交易的各方面信息对消费者并不透明，这意味着消费者无法得知是否对自身造成了损害，在造成损害之后也无法采取有效的权益保障行动。尽管美国数据经纪人起到了促进数据流通和数字经济发展的积极效果，但也在一定程度上给个人信息和数据安全带来安全隐患。

1．美国监管政策不断提高数据经纪人透明度，建立相应的问责处罚机制

政府监管部门一直希望数据经纪人披露其数据运营情况，而数据经纪人往往以保持竞争力、保护商业秘密或知识产权为由，拒绝向外部公布其业务细节。美国的年度登记注册制度在一定程度上解决了这一问题，提高了数据经纪业务的透明度①。

在联邦政府层面，更多的是通过联邦贸易委员会（FTC）等现有机构进行监管，并针对数据经纪人行业新出现的问题进行调研。2014 年起，美国国会针对数据经纪业务提出多项立法提案，重点均在于提升行业的透明度和安全性②。

在州政府层面，监管政策则更具备操作性，针对具体问题在所属范围内出台专门的立法标准。佛蒙特州首次明确提出年度登记注册制度，要求本州数据经纪人在每年 1 月 31 日之前向州务卿注册；注册时，除需提交允许消费者禁止数据被商用的权利外，还需要提交经纪人的公司名称、实际地址、邮件地址、网站等基本信息，以及是否对购买者资格进行认证，上一年数据泄露事件的数量和受影响人数，个人信息被访问、下载或泄露的数量等信息；未按规定注册的，需缴纳每日 50 美元、每年不超过 1 万美元的民事罚款。

---

① 王丽颖，王花蕾．美国数据经纪商监管制度对我国数据服务业发展的启示．信息安全与通信保密．
② 李立雪．美国数据经纪人发展模式及其启示．科技中国．

加利福尼亚州相关立法规定，数据经纪人应每年在加州总检察长处注册，支付一定的注册费用，并提供指定信息，未按照规定要求注册的数据经纪人应承担民事处罚，并将费用存入消费者隐私基金。

2. 美国重视数据经纪人信息安全管理，力争提高数据经纪业务的交易安全性

在联邦政府层面，美国国会提出立法草案，提议数据经纪人应向 FTC 提交有关收集和销售个人数据的安全计划，包括指定专人负责数据安全管理、定期监测并识别系统中可预见的漏洞、通过技术手段降低漏洞威胁、通过数据清洗确保个人隐私安全、采用标准程序销毁存储个人数据的介质等，并由 FTC 或独立的第三方负责审计数据经纪人的数据安全策略。一些立法草案对数据经纪人的数据安全计划提出了更为具体的规范，要求数据经纪人制定、实施和维护全面的数据安全流程，并根据业务规模、业务范围、业务类型、数据存储量等信息确定适宜的管理、技术和物理保障措施，同时规定，数据经纪人应至少指派一名专职人员维护安全流程，评估和识别内外部威胁[1]。

在州政府层面，佛蒙特州也在信息安全管理方面提出了具体要求，要求数据经纪人要具备足够的安全标准，实施信息安全计划，采取一定的技术、物理和管理保护措施，与数据经纪人的规模、范围和业务类型，数据经纪人采取与可利用的资源量、储存的数据量，以及个人信息的安全性和保密性相匹配。

3. 美国越发注重数据经纪人对消费者的隐私保护，不断修订完善相关条款

2018 年 5 月，佛蒙特州首次针对数据经纪人行业立法，规定数据经纪人应允许消费者自主选择是否同意数据经纪人采集、储存及销售个人数

---

[1] 王丽颖，王花蕾. 美国数据经纪商监管制度对我国数据服务业发展的启示. 信息安全与通信保密.

据，是否同意委托第三方行使相关权利；在"知情同意"的基本原则的基础上，该法案更重要的是赋予"选择退出"权，即消费者对出售其个人信息拥有选择退出权，并提供退出行为的相关方法、适用范围；法案还设计了"消费者披露"章节，规定征信机构必须向消费者准确提供信用分数、过去一年内用户查询情况、信息解释，以及征信机构的最新联系方式等信息，使消费者能够及时从征信机构处了解到被获取的信息和权利[①]。2023年5月，美国加州参议院对数据经纪人相关条款进行了修订，将数据经纪人注册机构更改为加州隐私保护局（CPPA），并细化了数据经纪人注册信息等[②]。

在州政府层面划定监管"红线"的基础上，在联邦政府层面，美国国会从联邦法律层面保障消费者个人信息权利。一些立法草案要求数据经纪人确保个人信息的准确性，赋予个人对自身信息的免费访问和更正权，并希望打造一个专门网站指导个人如何访问其信息、表达是否愿意将个人信息用于营销的意愿、允许按流程要求修改个人信息，充分体现了对个人隐私的尊重和保护[①]。一些立法草案禁止数据经纪人使用欺诈手段或通过纠缠、骚扰等方式获取个人信息，禁止在就业、住房、信贷等方面对个人存在歧视行为，禁止将个人信息出售或转让给从事非法或禁止活动的第三方[①]。

三、我国数据要素安全治理现状

近年来，我国《网络安全法》《数据安全法》《个人信息保护法》及配套法规政策、标准规范陆续出台，逐步确立了数据分类分级、数据授权使用、数据全生命周期安全防护等制度。

---

① 王丽颖，王花蕾. 美国数据经纪商监管制度对我国数据服务业发展的启示. 信息安全与通信保密.

② 李立雪. 我国数据经纪人发展模式探索. 软件和集成电路.

（一）数据分类分级相关制度现状

1．以数据分类分级为基础，探索数据的分级开放共享

2016 年 11 月发布的《网络安全法》提出，国家实行网络安全等级保护制度，网络运营者应当按照网络安全等级保护制度的要求，采取数据分类、重要数据备份和加密等措施，明确将"数据分类"作为网络安全保护法定义务之一。2021 年 6 月发布的《数据安全法》明确规定国家建立数据分类分级保护制度，提出，根据数据在经济社会发展中的重要程度，以及一旦遭到篡改、破坏、泄露或者非法获取、非法利用，对国家安全、公共利益或者个人、组织合法权益造成的危害程度，对数据实行分类分级保护，再次确立了数据分类分级保护制度。2021 年 8 月发布的《个人信息保护法》提出，个人信息处理者应当对个人信息实行分类管理，也明确提出了数据分类制度。

各部门各地区在公共数据开放和行业数据共享的实践中，都将数据分类分级作为开放共享的重要基础。目前，电信、金融、工业、能源等多个行业，以及北京、上海、浙江、贵州、四川、江西等多地都出台了公共数据或政务数据分类分级办法或指南，明确数据分类分级的原则和方法，并根据数据等级确定安全要求及开放共享方式，建立数据等级与开放共享之间的对应关系，用于指导政府部门在开放和共享政府数据时，对政府数据进行正确分类，并对分类后的政府数据定级提供参考。

2．以重要数据识别为基础，探索重要数据的重点保护

《网络安全法》提出，关键信息基础设施的运营者在中华人民共和国境内运营中收集和产生的个人信息和重要数据应当在境内存储，这是"重要数据"在法律层面的首次亮相。《数据安全法》提出，国家数据安全工作协调机制统筹协调有关部门制定重要数据目录，加强对重要数据的保护，将重要数据目录的制定和对重要数据的重点保护作为了一项法定义务。

为配合《网络安全法》的落地实施，全国信息安全标准化技术委员会2017 年发布了《信息安全技术 数据出境安全评估指南（草案）》，其"附录 A（规范性附录）重要数据识别指南"对重要数据进行了相应定义，并划分了 28 个行业/领域的重要数据的范围（即石油天然气、煤炭、石化、电力、通信等 27 个具体行业/领域以及第 28 项"其他"）。该指南开启了对重要数据的定义探索和范围界定，后续一系列起草制定的规定、标准等，都尝试着对重要数据进行定义和规范。

（二）个人信息保护相关制度现状

个人信息保护相关制度主要包括个人信息处理规则及保护要求、敏感个人信息处理规则和个人信息保护合规审计及认证等方面。

1. 个人信息处理规则和相关保护要求相继发布

个人信息处理规则和相关保护要求主要涉及个人信息去标识化、个人信息告知 - 同意规则，以及个人信息保护技术要求等。国家层面和行业层面均出台了相关制度和标准，从而规范个人信息的处理和保护。

《信息安全技术 个人信息去标识化指南》（GB/T 37964—2019）就个人信息去标识化问题给出具体指导。在此基础上，《信息安全技术 个人信息去标识化效果评估指南》（GB/T 42460—2023）旨在依据个人信息能在多大程度上标识个人身份（即标识度），对个人信息去标识化评估效果进行分级。《信息安全技术 个人信息处理中告知和同意的实施指南》（GB/T 42574—2023）则重点围绕个人信息处理的公开透明、选择同意等原则，在《信息安全技术 个人信息安全规范》（GB/T 35273—2020）的基础上，给出了处理个人信息时，向个人告知处理规则、取得个人同意的实施方法和步骤。

2．敏感个人信息处理安全要求标准公开征求意见

《个人信息保护法》第二十八条规定，敏感个人信息是指一旦泄露或者非法使用，容易导致自然人的人格尊严受到侵害或者人身、财产安全受到危害的个人信息，包括生物识别、宗教信仰、特定身份、医疗健康、金融账户、行踪轨迹等信息，以及不满十四周岁未成年人的个人信息。2023 年 8 月，《信息安全技术　敏感个人信息处理安全要求（征求意见稿）》发布，该标准对敏感个人信息进行了界定；针对敏感个人信息明确收集、存储、使用、加工、传输、提供、公开、删除等处理活动的安全要求，提供了去标识化展示示例；对敏感个人信息处理特殊安全要求提供了进一步可操作的参考标准与典型示例。

3．个人信息保护合规审计和认证相关制度发布

2023 年 8 月，国家互联网信息办公室就《个人信息保护合规审计管理办法（征求意见稿）》及配套的《个人信息保护合规审计参考要点》公开征求意见。《个人信息保护合规审计管理办法（征求意见稿）》旨在指导、规范个人信息保护合规审计活动，提高个人信息处理活动合规水平，保护个人信息权益。《个人信息保护合规审计参考要点》依据《个人信息保护法》等法律、行政法规和国家标准的强制性要求制定，作为开展个人信息保护合规审计的参考，列出了重点审查、重点评价的事项，针对具体类别或情景列出了详细的审查要点，契合热点问题，具有很强的可操作性。

2022 年 11 月，国家市场监督管理总局、国家互联网信息办公室发布《关于实施个人信息保护认证的公告》及其附件《个人信息保护认证实施规则》，规定了对个人信息处理者开展个人信息收集、存储、使用、加工、传输、提供、公开、删除、跨境等处理活动进行认证的基本原则和要求。

（三）数据跨境安全相关制度现状

我国《数据安全法》《个人信息保护法》建立了数据出境安全评估、个人信息保护认证、个人信息出境标准合同等数据出境制度。2024 年 3 月，国家互联网信息办公室发布《促进和规范数据跨境流动规定》，对现有数据出境制度的实施和衔接做出进一步明确，适当放宽数据跨境流动条件，适度收窄数据出境安全评估范围，在保障国家数据安全的前提下，便利数据跨境流动，降低企业合规成本，充分释放数据要素价值，扩大高水平对外开放，为数字经济高质量发展提供法律保障。

1. 数据出境安全评估制度建立，明确需评估的数据范围

2022 年 7 月发布的《数据出境安全评估办法》规定了数据处理者向境外提供数据时应当向国家网信部门申报数据出境安全评估的几种情形。2024 年 3 月发布的《规范和促进数据跨境流动规定》，对上述办法中规定的情形进行了调整，明确符合下列条件之一的，应当通过所在地省级网信部门向国家网信部门申报数据出境安全评估：①关键信息基础设施运营者向境外提供个人信息或者重要数据；②关键信息基础设施运营者以外的数据处理者向境外提供重要数据，或者自当年 1 月 1 日起累计向境外提供 100 万人以上个人信息（不含敏感个人信息）或者 1 万人以上敏感个人信息。同时，该规定还明确了免予申报数据出境安全评估的一些情形，如国际贸易、跨境运输、学术合作、跨国生产制造和市场营销等活动中收集和产生的数据向境外提供，不包含个人信息或者重要数据的，免予申报数据出境安全评估、订立个人信息出境标准合同、通过个人信息保护认证。

2. 个人信息保护认证实施，细化个人信息出境相关规定

2022 年 11 月，国家市场监督管理总局、国家互联网信息办公室发布《关于实施个人信息保护认证的公告》及其附件《个人信息保护认证实施规则》，

确认了个人信息出境场景下的个人信息保护认证机制。个人信息保护认证的依据为国家标准《信息安全技术 个人信息安全规范》(GB/T 35273—2020);对于开展跨境处理活动的个人信息处理者,还应当符合《个人信息跨境处理活动安全认证规范》(TC260-PG-20222A)的要求。《个人信息保护认证实施规则》将《个人信息保护法》个人信息出境的相关规定具体化和可操作化,意在构建与国际接轨的数据跨境流动认证制度,为未来相关认证的国际互认奠定基础。2023 年 3 月,全国信息安全标准化技术委员会发布了国家标准《信息安全技术 个人信息跨境传输认证要求(征求意见稿)》,进一步为个人信息跨境传输认证制度提供了具体的合规标准。

3.个人信息出境标准合同发布,明确标准合同备案流程

2023 年 2 月,国家互联网信息办公室发布《个人信息出境标准合同办法》,旨在落实《个人信息保护法》第三十八条规定的"按照国家网信部门制定的标准合同与境外接收方订立合同,约定双方的权利和义务",对标准合同的适用范围、适用条件、主要内容等进行了明确。2023 年 5 月,国家互联网信息办公室发布《个人信息出境标准合同备案指南(第一版)》,对个人信息出境标准合同备案方式、备案流程、备案材料等具体要求做出了说明。2024 年 3 月,该指南更新为第二版,就适用范围、备案方式、备案流程、备案材料等内容进行调整。

(四)数据安全合规相关制度现状

1.网络安全审查办法施行,面向数据处理活动进行审查

2022 年 1 月,国家互联网信息办公室等十三个部委联合公布了修订后的《网络安全审查办法》,于 2022 年 2 月 15 日起施行。《网络安全审查办法》规定,关键信息基础设施运营者采购网络产品和服务,网络平台运营者开展数据处理活动,影响或者可能影响国家安全的,应当按照本办法进行网络安

全审查。该办法将网络平台运营者开展数据处理活动纳入审查范围，防范核心数据、重要数据或者大量个人信息被窃取、泄露、毁损，以及非法利用、非法出境的风险。该办法还明确要求掌握超过 100 万用户个人信息的网络平台运营者赴国外上市，必须向网络安全审查办公室申报网络安全审查，以防范关键信息基础设施、核心数据、重要数据或者大量个人信息被外国政府影响、控制、恶意利用的风险。

2．数据安全能力成熟度标准实施，建设组织数据安全能力

《信息安全技术 数据安全能力成熟度模型》(GB/T 37988—2019)(简称 DSMM) 于 2020 年 3 月 1 日实施，归口于全国信息安全标准化技术委员会。该标准给出了组织数据安全能力的成熟度模型架构，规定了数据采集安全、数据传输安全、数据存储安全、数据处理安全、数据交换安全、数据销毁安全、通用安全的成熟度等级要求。该标准适用于对组织数据安全能力进行评估，也可作为组织开展数据安全能力建设时的依据①。

3．数据安全风险评估方法拟定，明确评估要点和工作方法

数据安全风险评估是做好重要数据和核心数据监管与保护工作的重要一环。在国家层面，《信息安全技术 数据安全风险评估方法（征求意见稿）》和《网络安全标准实践指南—网络数据安全风险评估实施指引》(TC260-PG-20231A) 已经发布；在行业层面，《工业和信息化领域数据安全风险评估实施细则（试行）》也已经在征求意见阶段。2023 年 8 月，全国信息安全标准化技术委员会发布《信息安全技术 数据安全风险评估方法（征求意见稿）》，给出了数据安全风险评估的基本概念、要素关系、分析原理、实施流程、评估内容、分析与评价方法等，明确了数据安全风险评估各阶段的实施要点和工作方法。2023 年 10 月，工业和信息化部发布《工业和信息化领域

---

① 朱红儒，黄天宁，孙勇等. 数据安全能力成熟度模型的实施应用. 信息技术与标准化.

数据安全风险评估实施细则（试行）（征求意见稿）》，进一步细化了行业数据安全风险评估规则，主要回答了"评估谁""谁监管""谁评估"三个基本问题。

四、我国数据要素安全治理制度体系框架

（一）总体思路

为贯彻落实"数据二十条"，以释放数据要素价值为出发点，以强化数据安全保障体系建设为主线，以数据供给、流通、使用全过程的安全治理为重点，把握数据要素市场化中主体、数据、行为和基础设施四大关键要素，发挥政府、企业和社会的协同治理作用，构建制度层次分明、监管底线明确、安全要求清晰的数据要素安全治理制度体系，有效防范和化解数据安全风险，促进数据合规高效流通使用，在确保安全的前提下助力数字强国建设。

1. 制度建设重点：数据供给、流通、使用全过程安全治理

以强化数据安全保障体系建设为主线。安全是发展的前提，发展是安全的保障。数据安全是事关国家安全与发展的重大战略问题，强化数据安全保障体系建设，对于妥善应对和化解数据要素市场化进程中的安全风险挑战，推动国家构建新发展格局、建设现代化产业体系、塑造竞争新优势，实现高质量发展和高水平安全等具有重要意义。

以数据供给、流通、使用全过程安全治理为重点。数据供给、流通和使用过程中面临着数据泄露、数据转卖和再识别、数据滥用、数据侵权等安全风险，统筹发展和安全，把安全贯穿到数据供给、流通、使用全过程，强化数据要素流通交易的安全治理，是推进数据要素市场化配置，保障数据要素安全可信、集约高效地流通使用的必然要求。

把握数据要素市场化中主体、数据、行为和基础设施四大关键要素。数

据要素市场主体涵盖数据供给、流通和使用全过程的各类主体，如数据交易中介、数据资产评估等专业服务机构、数据安全审计等机构。数据要素市场化中，数据以原始数据、衍生数据、数据产品和服务等形态体现。行为涉及数据开放、共享、流通等。基础设施是数据要素市场化的技术基础和保障，如数据交易平台、数据共享平台等。

2. 制度建设路径：发挥政府、企业和社会的协同治理作用

发挥政府有序引导和规范发展的作用。加快研究制定数据要素安全规则规范，推动建立全面覆盖数据流通交易主体、数据、行为和基础设施的安全制度体系，明确数据开放、共享、交易等过程中的红线和底线。强化分行业和跨行业的数据要素安全监管，建立健全数据要素流通安全审查、算法审查等监管机制，指导和监督开放共享各方主体全面落实网络安全等级保护和数据安全保护制度，提升网络和数据安全保护和防御能力。统筹数据开放共享平台、公共数据授权运营平台、数据交易平台等建设，统一标准、优化整合，促进数据要素流通基础设施体系形成。支持数据流通相关安全技术研发和服务发展。

压实企业数据要素安全治理责任。数据要素市场各类主体，要树立责任意识和自律意识，在现有法律法规框架下，进一步细化系统安全、数据安全、个人信息保护等要求，建立健全数据安全管理制度和工作体系，建立数据分类分级和数据分级安全管控机制，建立覆盖数据采集、传输、存储、处理、使用等全流程的安全技术防护，实施数据安全风险监测、评估和预警机制，完善数据安全事件应急处置机制，强化数据安全治理和个人信息保护。鼓励企业积极参与数据要素市场建设，推行数据流通交易声明和承诺制。强化企业参与政府信息化建设中的政务数据安全管理。

推动社会力量参与数据要素安全协同治理。支持行业组织制定数据流通交易规则及安全治理标准。完善行业自律机制，推动行业企业建立健全数据分类分级、数据全生命周期安全防护、数据安全监测预警等机制，强化数据

安全保护。支持行业组织建立数据要素市场信用体系。支持行业组织建立公益性社会救济渠道，就数据要素流通中侵犯个人隐私、商业秘密等问题建立申诉救济通道。

3. 制度建设目标：制度层次分明、监管底线明确、安全要求清晰

制度层次分明。构建涵盖顶层设计政策、法律法规、配套规则、标准规范等各类文件的制度体系，制度文件覆盖数据供给、流通、使用过程中的主体、数据、行为和基础设施四大关键要素，效力等级分明，内容相互协调配套。

监管底线明确。统筹发展和安全，增强机遇意识和风险意识，树立底线思维，划定数据要素市场中主体、数据、行为和基础设施的底线合规要求，明确数据要素流通交易行为界限，有效管控数据供给、流通、使用过程中的安全风险。

安全要求清晰。结合数据供给、流通、使用的具体场景，明确参与主体的安全责任边界和制度建设要求，明确数据合法合规和分类分级保护要求，规范数据流通交易行为，明确数据交易平台、数据共享平台等基础设施的安全技术要求。

（二）制度体系框架

从"治理什么、由谁治理、如何治理"等关键问题入手，以数据要素开放、共享、交易等过程为链条，围绕数据要素市场化主体、数据、行为、基础设施四大核心要素，持续推动法律法规落实及配套制度完善，针对数据要素市场化的安全需求建立创新性制度，构建覆盖数据要素供给、流通和使用全流程的安全治理制度体系，规范并保障数据要素供给、流通和使用安全（见图5-1）。

图 5-1　数据要素流通安全治理制度体系框架

1．主体层面：完善主体数据安全管理制度

数据要素供给、流通和使用过程中的参与主体，除了数据提供方、数据需求方，还涉及数据生产加工方、数据交易撮合方，以及数据资产评估、质量评估、安全风险评估等机构。应当牢固树立责任意识和自律意识，落实《网络安全法》《数据安全法》《个人信息保护法》等法律法规及相关配套制度的要求，主要涉及几个方面：一是设立数据安全（网络安全）负责人和管理机构，如设立首席数据安全官等；二是建立数据分类分级、个人信息保护等制度，建立全流程数据安全管理制度；三是采取有效的管理和技术措施进行网络与数据安全防护，确保相关信息系统、数据平台等满足网络安全等级保护要求；四是加快落实《数据安全法》《个人信息保护法》相关要求，开展数据安全风险评估、个人信息保护影响评估等，加强安全风险监测、预警和应急处置。

与此同时，针对数据供给、流通和使用过程中的特定主体，如数据交易所、公共数据授权运营单位、公益性数据开发利用组织、产业数据空间等，建立管理制度，明确主体定位、资格条件，细化数据处理要求和网络安全保护要求。例如，针对公共数据授权运营单位，明确授权运营的模式，明确资格条件和运营能力要求；对基于公益目的开展数据开发利用的组织，参考欧盟相关规定，建立登记制度，并对该组织提出数据处理透明性、个人信息权益保障等要求；针对数据交易所，明确主体的法律地位和资格条件，以及技术设施、人员管理、数据管理、安全保护等具体要求，探索数据交易主体进场交易的条件、程序和监督管理措施等。

2．数据层面：建立数据合法审查和分级使用制度

对于流通交易的数据，应确保数据权利无瑕疵，且数据来源及使用合法合规。一是数据来源合法，流通交易数据是相关主体以买卖等合法方式直接或间接获取的，数据供给方应当对数据的来源加以说明，明确数据采集手段和方式，如公开数据收集、自行生产、间接获取等，并针对不同采集方式提供数据采集目的、范围等相关说明及证明材料。二是交易数据的权利无瑕疵，相关主体拥有完整且独立的数据资源持有权、数据加工使用权或数据产品经营权，流通交易数据未侵犯其他个人或组织的合法权益，依法开展个人信息保护影响评估、重要数据安全风险评估等。三是流通交易数据不属于禁止或限制流通交易的范围，如包含个人数据未依法获得授权的、包含未经匿名化处理的敏感数据，或包含未经依法开放的公共数据等。

同时，对于流通交易的数据，提供数据的一方应当严格落实国家、行业和区域数据分类分级保护要求，在数据分类基础上，识别重要数据和核心数据，形成重要数据和核心数据目录，并根据数据等级进行安全管控，明确不同等级数据在收集、存储、处理等全流程的安全保护措施，如数据加密、数据水印、数据库审计等。在数据分类分级基础上，建立数据分级流通机制，明确禁止和限制流通的数据项，明确数据流通方式，明确数据合法使用和非法使用目的等。特别地，建立个人信息授权使用机制，明确个人信息开放共享前"告知－同意"、个人信息保护影响评估等具体要求，明确数据开放共

享中传输、共享等环节的管理要求，明确个人信息去标识化、匿名化等处理要求，明确要求授权同意和数据处理操作记录备案，明确信息主体的权利及行使方式，确保主体对其个人信息的控制。

3. 行为层面：建立数据流通交易制度规则

针对数据开放共享、数据交易等具体场景，制定相应的制度规则。例如，结合政务数据共享、公共数据授权运营、产业数据空间等场景，建立数据开放共享的制度规则，涉及数据开放共享的条件和程序、基本原则、行为规范、监督管理等。在数据开放共享的条件和程序方面，明确数据开放共享的安全条件、开放共享是依申请开展还是其他方式、申请的流程是什么、开放共享机构对申请进行评估审核的要点是什么等。在数据开放共享的基本原则方面，应当明确数据最小化、最小授权、审计溯源等原则，其中，数据最小化应明确开放共享的目的及所需数据范围，保障只开放共享与目的相关的数据项等；最小授权应赋予数据开放共享活动中各角色最小的操作权限；审计溯源应记录数据查询等相关操作，并保证记录不可伪造和篡改。在数据开放共享的行为规范方面，规范数据获取、数据加工、数据再提供等行为，如对公共数据的使用不得以任何方式将相关数据提供给非授权第三方，公共数据不得用于或变相用于未经审批的应用场景。在数据开放共享的监督管理方面，建立数据开放共享过程的安全审查、算法审查等机制，安全审查即重点对开放共享数据是否包含敏感数据、开放共享过程操作是否记录等进行审查，算法审查即对数据平台的算法模型进行安全评估。

4. 基础设施层面：明确平台安全技术要求

针对开放共享平台、公共数据授权运营平台等数据开放共享基础设施，要遵循现有网络安全等级保护、云计算安全、大数据平台等标准规范要求，同时也可根据开放共享的需求，研究提出数据开放共享的特定安全要求。例如，实行安全分域管理，具备数据出域审核等功能；具备身份认证、权限管理、数据加密、数据脱敏、数据水印、数据防泄漏、数据库审计等技术能力，实现数据来源可确认、数据内容防篡改、开放共享过程可追溯等。此外，还要密切关注隐私计算、区块链等新兴技术在实现数据安全开放共享中的作用，出台指导性的应用指南，在保证数据主体权益、保护用户隐私和商业秘密的同时，充分挖掘发挥数据价值。针对数据交易平台、隐私计算平台等基础设施，可从数据交付环境安全、数据处理全过程安全、数据交易过程管控、数据交易可追溯等四个方面提出安全技术要求。例如，在数据交付环境安全方面，除了物理环境、通信网络、计算环境、安全区域边界等满足网络安全等级保护三级要求外，平台应运用多方安全计算、联邦学习、可信计算等隐私计算技术，解决数据不出域、信息去标识化和匿名化等问题；在数据处理全过程安全方面，平台应建立安全的传输通道，采取隔离存储、加密存储等措施，对数据进行分类分级识别和标注，采用与数据等级相对应的安全技术措施等；在数据交易过程管控方面，平台应针对数据交易全流程采取安全风险监控措施，及时发现异常情况，并对关键环节进行人工干预，如交易暂停、交易撤销等；在数据交易可追溯方面，平台应运用区块链等技术跟踪和记录整个交易过程，保障交易行为可追溯。

五、完善我国数据要素安全治理制度体系建议

（一）创新政府数据要素安全的治理机制

充分发挥政府有序引导和规范发展的作用，守住安全底线，明确监管红线，打造安全可信、包容创新、公平开放、监管有效的数据要素市场环境。

1. 建立健全数据要素安全监管机制

探索数据要素安全联管联治机制。《数据安全法》明确了我国数据安全领导体制，建立了中央国家安全领导机构统筹协调、各地区各部门各行业分

工负责的机制。考虑到数据开放共享和交易等多种流通场景，以及面临的安全新问题和新挑战，建议中央网信办、行业数据安全主管部门等在履行好各自职责的同时，与国家数据局协调配合，探索数据要素安全联管联治机制。一是定期针对新情况、新问题、新挑战开展研讨，统一监管策略和思路；二是采用联合方式，适时发布数据要素流通安全监管政策、规章制度，并建立常态化的联合执法机制；三是共享安全威胁等信息。

探索数据安全"监管沙盒"，建立健全鼓励创新、包容创新的容错纠错机制。数据安全"监管沙盒"是通过政企间数据开放许可协议等，以先行先试的姿态对协议范围内的数据流通进行适度宽松的监管模式，强调一定时空条件下的无监管自由流动，强调事后监管、持续监督。"监管沙盒"能够在确保安全的前提下促进数据要素充分发挥价值，形成"基于可控范围内的数据流通"。目前，新加坡、芬兰、英国、挪威、法国、欧盟、东盟等国家与国际组织都在进行隐私保护"监管沙盒"尝试，建议参照我国金融科技"监管沙盒"，在公共数据授权运营、数据场内交易等场景中，开展"监管沙盒"平台建设试点，完善准入测试、测试设计、方案评估、实际测试、退出和最终评估等运行环节和机制，形成鼓励创新、包容创新的政策环境。

2. 制定完善数据要素安全治理制度

制定完善数据要素市场规范发展政策。考虑到当前我国数据要素流通的准入条件、竞争行为等还没有明确，配套规则还不完善，一方面，加强数据要素市场顶层设计，统筹数据交易所、公共数据授权运营单位等建设，明确定位、资格条件和运营要求等。另一方面，研究数据流通具体场景中数据垄断的表现形式和危害，细化反垄断具体规则，避免利用数据、算法等优势和技术手段排除、限制竞争，打破"数据垄断"，营造数据交易公平竞争环境。

结合场景制定数据要素安全治理规则。结合公共数据授权运营、数据交易等具体场景的安全保障需求，从主体、数据、行为和基础设施等四个层面，研究落实法律法规要求的具体配套规则，针对法律法规没有规定的情况与问题，在不突破法律法规原则的基础上制定新的规章制度。例如，在数据交易场景下，研究制定数据交易安全管理办法及配套规则，建立数据流通和交易负面清单，明确不能交易或严格限制交易的数据项；要求数据交易所落实数据安全责任制，建立数据分类分级、数据全生命周期安全防护、数据安全监测预警及应急响应等制度，定期开展数据安全风险评估等；推动建立交易主体注册、数据合规审查、交易行为监测等机制防控安全风险。

加快研制数据要素安全治理标准规范。强化数据要素标准体系顶层设计，明确数据要素安全标准体系架构，根据产业及监管需求，定期调整体系架构、拓展标准面。结合数据要素流通安全需求，优先制定公共数据开放安全、数据交易服务安全等管理性规范，以及数据交易平台安全、隐私计算等可信流通、数据脱敏等技术性规范和指南。梯度推进多层次标准建设，面向紧迫性强的需求，优先编制行业标准、团体标准、企业标准等。

3. 优化技术研发和服务的支持政策

通过优化国家重点研发计划和重点专项的资助模式、设立政府引导基金、促进鼓励企业研发的政策应享尽享等方式，重点支持数据脱敏、数据合成、隐私计算等安全技术研发。面向数据供给、流通和使用的安全保障需求，依法有序发展数据分类分级、合规认证、安全审计、数据保险、风险评估、数据安全能力成熟度评估等服务，发展数据安全合规咨询及建设服务，发展数据安全监测预警、备份恢复、应急响应等服务。

（二）压实企业的数据要素安全治理责任

企业作为数据要素市场主体，要牢固树立责任意识和自律意识，以主人翁精神和社会责任感，参与数据供给、流通、使用全过程安全治理中，使数据价值落到实处。

1. 从管理、技术和运营层面做好法律法规落实

数据要素市场各类主体要依法依规承担安全责任，从管理、技术和运营层面做好数据采集汇聚、加工处理、流通交易、共享利用等各环节的安全防护。

管理层面，健全数据安全组织管理和制度体系。建立数据安全决策机构，设立首席数据安全官，明确数据安全管理部门、执行部门及其职责，形成决策层、管理层、执行层和监督层组织管理架构。建立企业数据安全制度规范体系，将数据安全要求贯穿到数据采集、传输、存储、处理、出境、公开等各环节，明确数据安全管理的基本要求，并从数据分类分级、数据全生命周期安全、数据安全风险评估、数据安全事件应急处置、个人信息保护、数据安全意识培训与考核等方面完善具体规则规范和技术指南。

技术层面，构建数据全生命周期安全防护体系。落实企业数据安全策略，在持续推进网络安全等级保护和测评工作的基础上，全面落实企业数据采集、传输、存储、处理、交换、销毁等数据全生命周期安全管理制度，部署与数据优先级相匹配的数据安全技术产品，包括数据资产管理类、数据安全防护类、数据安全利用类、数据安全监测审计类等，推动数据全生命周期安全管理要求的 IT 化和流程化。对数据安全技术产品的数据安全防护效用进行跟踪评估，及时发现潜在的数据安全风险，并据此更新调整数据安全保护策略。

运营层面，强化数据安全风险管理与应急响应。确立数据安全风险管理的理念，围绕数据安全风险事前防御、事中监测和事后处置，建立健全数据安全监测预警、合规性评估、风险评估、应急响应、安全审计等机制，设立机构人员、制定制度规范、完善工作流程，并通过部署技术工具，定期开展监测预警、应急响应、评估审计等工作。

2．推行企业数据流通交易声明和承诺制

探索面向数据流通交易中第三方专业服务机构等主体的数据流通交易声明和承诺制，围绕数据来源、数据产权、数据质量、数据使用、数据安全等内容，鼓励第三方专业服务机构以普遍可接受的方式进行公开声明和合理承诺，推动各类主体主动承担起数据治理责任，建立多主体协同、约束机制，推动数据流通交易生态构建。

3．规范企业参与政府信息化建设的政务数据安全管理

清晰界定参与企业的数据安全责任。参照"谁主管谁负责、谁运行谁负责、谁使用谁负责"的总体原则，围绕政务数据汇聚、存储、处理、传输、共享、开放、销毁、备份的全生命周期，梳理政务信息化建设中数据提供者、使用者、平台建设单位、平台运维单位、平台运营单位和平台监管单位等相关角色，明确其安全责任边界、责任范围、具体安全职责[1]。结合政务信息共享等场景明确安全技术要求，如从共享数据准备安全、共享数据交换安全、共享数据使用安全，以及基础设施安全等方面[2]，明确政务信息共享安全技术要求。

4．鼓励企业通过评估认证等方式提升安全能力

鼓励企业对标数据管理能力成熟度等国家标准，利用先进的数据管理理念和方法，建立和评价自身数据管理能力，优化数据管理，提升数据质量和效益。鼓励企业对标数据安全能力成熟度等国家标准，建立和评价自身数据安全水平，发现数据安全能力短板，完善数据安全策略，加强数据全生命周期安全保护，提升数据安全能力水平，确保大数据产业及数字经济发展。鼓

---

[1] 周君，王显强．新型智慧城市下政务数据安全管理的研究．信息通信技术与政策．

[2] 唐莉，王超．强化数据管理 保障政务信息安全——访湖南省人民政府发展研究中心总工程师柳松．信息安全与通信保密．

励企业通过数据安全管理认证等方式，规范数据收集、存储、使用、加工、传输、提供、公开等处理活动，提升数据处理活动的安全性。

（三）建立社会力量多方参与的协同治理机制

发挥行业组织等社会力量的公众监督作用，强化行业自律，督促企业落实数据安全保护责任，加强数据安全治理，保护个人、组织的合法权益，维护国家安全和发展利益。

1. 鼓励发展数据要素安全专业服务

鼓励行业组织面向行业企业数据资产管理、数据流通安全保障等需求，开展数据资产梳理、数据分类分级、数据安全风险评估、数据安全合规性评估、数据安全监测预警等服务。依托相关行业组织建立完善数据交易安全认证体系，引导企业开展数据流通安全相关认证，推动认证结果互认及采信。

2. 推动行业自律机制的建设和完善

完善行业自我约束和监督机制。在政府部门指导下，充分发挥行业协会商会等组织自律职能，组织行业企业围绕数据流通安全重点问题，制定并签署自律公约，对行业企业数据安全组织管理、数据分类分级、数据安全技术防护、数据安全风险管理与应急处置等提出更高要求。行业组织指导成员企业对公约履行情况定期开展自查，督促违反公约的企业进行整改，必要时予以公示或公开谴责。鼓励成立行业数据安全联盟等组织，建立由行业企业和专家等组成的行业自律监管机制，通过行业规范和准则实现对企业行为的监督，实现自我约束和管理。

建立健全数据安全贯标工作机制。发挥行业组织作用，组织行业企业结合数据供给流通使用实际，开展数据安全能力成熟度等国家标准、行业标准和团体标准贯标工作，将标准规范融入数据安全治理目标之中，贯穿到数据安全治理全过程。组织开展贯标优秀案例遴选，梳理典型做法，持续优化标准应用，推进企业加强标准落地工作。支持行业组织建立健全标准符合性评估、认证等机制，建设标准符合性评估的平台、技术工具和人才队伍，开展相关标准符合性评估、认证工作，助力企业强化数据安全建设。

3. 探索建立数据交易信用评价制度

在政府部门指导下，发挥行业协会、商会等组织作用，推动数据交易信用体系建设。支持行业组织加强数据交易信用制度顶层设计，建立与完善行业信用承诺及信用激励与惩戒制度，建立并推行行业信用状况评价机制，定期认定和发布行业信用重点关注名单。支持行业组织针对数据交易链条中的主要参与主体，如数据交易所、数据经纪人、数据专业服务机构等，建立数据交易信用评价制度，科学设置信用评价指标体系，探索和培育数据交易信用评级服务。

4. 建立数据安全公益性社会救济机制

支持行业组织建立投诉举报、争议解决机制。针对企业数据安全事件等，支持相关行业组织开展数据安全投诉举报工作，建立投诉举报机制，设立举报网站、微信公众号、App 等渠道，并定期向社会通报投诉举报处置情况。针对数据跨境、数据交易等过程中发生的数据产权、数据安全责任等热点问题，支持仲裁机构等开展探索研究，建立相关争议解决和仲裁机制，促进仲裁与相关行业组织举报、投诉、调解等的有效衔接。

完善个人信息保护公益诉讼机制。我国《个人信息保护法》第七十条确立了个人信息保护公益诉讼机制，人民检察院、消费者组织、国家网信部门确定的组织等都有权提起公益诉讼。目前，中国消费者协会和各地消协组织针对消费者个人信息"裸奔"、消费者维权难等突出问题，探索推进公益诉讼，但在实践中还存在消费者赔偿等问题需进一步解决；而关于国家网信部门确定的组织提起公益诉讼，有关组织的具体范围和认定标准还未明确。一方面，建议启动《中华人民共和国消费者权益保护法》（简称《消费者权益保护法》）修订，强化公益诉讼的救济赔偿，以此促进消费者组织公益诉讼的推广；另一方面，应尽快研究并确立公益诉讼中社会组织应具备的主要特征，开展个人信息保护公益诉讼社会组织认定工作，启动实施社会组织公益诉讼试点。

第六章
数据基础制度建设展望

数据如水，有序流动，滋润经济，势不可挡。数据如水，阻断流动，降低效率，必治而用。未来，应以数据为对象、合规为原则、技术为支撑、监管为手段、自治为基础、共治为关键、共赢为目标，构建多方参与、权责协同的数据治理生态和文化氛围。每个人、每个机构都将成为当代数据治理人，成为当代数据海洋治理的"大禹"。我们都应该参与到数据要素市场建设中，共同建堤筑坝，参与数据基础设施建设，不断健全数据基础制度，将数据资源汇聚好、治理好、利用好，让数据真正有序安全流通利用起来，释放应有的最大价值。数据作为"未来的石油"，正引领着新一轮科技创新，已经成为一种重要的国家战略资源，体现着一个国家综合竞争实力，对国家战略、国家安全和国家发展具有重要意义。"用数据说话、用数据决策、用数据管理、用数据创新"已经成为提升政府治理能力的新途径[1]。

不管是资产还是资源，如果不能把全员数据责任压实到位，一切都是空谈。这是数据区别于其他要素的最大特征。人人都是数据处理节点，社会就是一个数据处理神经网络，数据如流水般在神经网络中流淌，关键是各个节点的处理能力，能否将数据隐含的价值挖掘出来。说到底就是认知能力的差异，认知能力才是核心竞争力。数字经济、数字文明，本质就是知识经济，我们正处在人类认知革命的十字路口，从人类认知走向人机协同认知的变革，数据成为喂养智能机器和人机协同复合体的粮食。

人类从未像现在这样，通过数字技术让人人都能够平等地拥有知识处理的工具和生产资料。人类正在走向全面的解放，从体力和脑力方面，全人类都将逐步成为知识分子，正如管理大师德鲁克所说，21 世纪是知识经济的世纪。数据治理和数据认责的本质在于对知识的管理和认知能力的提升，我们正经历一次前所未有的人机协同认知革命。这也是数据要素需要构建的新理论体系和治理体系。数据要素市场的健康有序发展需要健全完善的制度体系保障。

---

[1] 徐青山，杨立华. 大数据对中国电子政务发展的影响及应用. 北京航空航天大学学报（社会科学版）.

一、新时代我国数据基础制度框架构想

（一）新时代数据基础制度框架

"数据二十条"是我国构建数据基础制度的指导性、框架性文件。文件确立了以数据产权、流通交易、收益分配和安全治理为"四梁"的数据基础制度框架，但制度从订立框架到丰富完善仍有大量的细节需要操作实施，需要不断落细落实。数据基础制度建设，需要"政产学研用"协同发力，坚持从实践中来，到实践中去，共同为数据基础制度建设添薪蓄力，携手共建、共创、共享数据要素市场建设红利。我们需要发挥我国制度和体制优势，特别是举国体系的优势，打造具有中国特色的数据基础制度体系，促进数据合规高效流通和利用，赋能实体经济发展，推动全社会共同富裕。围绕"数据二十条"意见要求，结合国内外数据基础制度建设实践，新时代我国数据市场基础性制度建设与完善，需要国家、地方、行业、社会等层面共同努力，围绕数据顶层架构制度、数据产权制度、流通交易制度、收益分配制度、安全治理制度等重点领域，从政策规划、法律法规、管理规则、标准规范四个层面，构建适应数据特征、符合数字经济发展规律、保障国家数据安全、彰显创新引领的新时代具有中国特色的数据基础制度体系架构（见图 6-1），为我国数据要素市场发展提供重要的制度性基础条件。

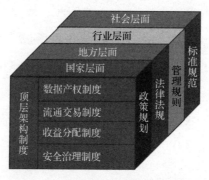

图 6-1　数据基础制度体系架构

（二）数据基础制度体系设想

基于上述体系架构，我们还可将新时代数据基础制度体系解构为一张二维列表（见表 6-1），作为对当前我国数据基础制度体系建设的设想。二维列表包含了国家层面、地方层面、行业层面、社会层面四类参与主体，覆盖了顶层架构制度、数据产权制度、流通交易制度、收益分配制度、安全监管制度等五个重点领域，涵盖了政策规划、法律法规、管理规则、标准规范四个制度类别。表中的制度文件体系处于持续完善状态。

表 6-1　数据基础制度体系设想（持续完善）

制度体系		顶层架构制度	数据产权制度	流通交易制度	收益分配制度	安全治理制度
政策规划	国家层面	《中共中央 国务院关于构建更加完善的要素市场化配置体制机制的意见》《中共中央 国务院关于构建数据基础制度更好发挥数据要素作用的意见》《要素市场化配置综合改革试点总体方案》	公共数据开发利用指导意见（拟）数据产权保护和运用规划（拟）	关于促进数据流通交易健康发展的指导意见（拟）	公共数据产品监管制度（拟）数据公益债制度（拟）	数据安全技术和产业支持政策（完善）
	地方层面	（地方）数字经济发展规划（完善）（地方）数据要素市场培育方案(行动计划)（完善）	（地方）数据产权制度试点工作方案（拟）	—	个人数据经纪制度（拟）公共数据许可收费制度（拟）	—
	行业层面	《促进国土资源大数据应用发展实施意见》	《关于加强数据资产管理的指导意见》	—	—	—
	社会层面	—	—	—	《数据资产评估指导意见》	—

续表

制度体系		顶层架构制度	数据产权制度	流通交易制度	收益分配制度	安全治理制度
法律法规	国家层面	《民法典》	数据产权保护法（拟）《中华人民共和国知识产权保护法》（修订完善）《消费者权益保护法》(修订完善) 数据产权登记条例（拟）	《反不正当竞争法》（修订完善）《中华人民共和国反垄断法》（修订完善）数据流通交易法（拟）	数字服务税收制度试行（拟）数字内容付费制度（拟）	《网络安全法》《数据安全法》《个人信息保护法》网络数据安全管理条例（拟）
	地方层面	（地方）数据条例（完善）（地方）大数据发展条例（完善）	—	（地方）数据流通交易促进条例（拟）	—	—
	行业层面	—	—	—	—	—
管理规则	国家层面	公共数据管理办法（拟）	数据产权登记管理办法（拟）公共数据授权运营管理办法（拟）数据资产评估管理办法（拟）数据信托制度（拟）个人数据授权制度（拟）企业数据授权制度（拟）数据资产公示制度（拟）	数据流通交易管理办法（拟）数据交易场所管理办法（拟）	公共数据许可收费制度（拟）数据入股制度（拟）	数据要素合规公证管理办法（拟）数据要素安全审查办法（拟）数据要素算法审查管理办法（拟）数据要素监测预警管理办法（拟）《数据出境安全评估办法》数据交易服务安全管理办法（拟）数据流通使用等场景中算法安全管理办法（拟）

续表

制度体系		顶层架构制度	数据产权制度	流通交易制度	收益分配制度	安全治理制度
管理规则	地方层面	（地方）数据管理办法（完善）	（地方）公共数据授权运营管理办法（完善） （地方）数据(知识)产权登记管理办法（完善） 数据要素登记管理办法（完善） 数据商和数据流通交易第三方服务机构管理办法（完善）	（地方）政务数据开放共享管理办法（完善） （地方）数据交易管理办法（实施细则）（完善） （地方）数据交易场所管理办法（完善）	—	（地方）政务数据开放共享等场景安全管理办法（完善）
	行业层面	（行业领域）数据管理办法（完善）	企业数据资源相关会计处理暂行规定	规范和促进数据跨境流动规定（拟） （行业）数据交易平台管理办法（拟） （行业）数据开放共享管理制度（完善）	—	工业和信息化领域数据安全管理办法（试行） 产业数据空间数据安全管理办法（拟） （行业领域）数据安全风险评估实施细则（拟）
	社会层面	—	—	数据交易机构出台的数据交易服务指南（完善） 数据交易结算制度（完善）	—	个人信息保护公益诉讼制度(拟) 数据交易信用评价制度（拟）
标准规范	国家层面	数据管理能力成熟度评估模型	数据分类分级标准（拟） 数据确权技术标准（拟） 数据资产登记流程（拟） 数据资产价值评估标准（拟）	电子商务数据交易系列标准 数据交易服务平台系列标准 数据交易服务标准体系（拟） 数据交易产品标准体系（拟）	数据要素价值评估标准（拟） 个人数据分类规范（拟）	《信息安全技术 数据安全能力成熟度模型》 信息安全技术数据交易服务安全要求（拟） 公共数据开放共享平台、数据交易平台等基础设施安全技术要求（拟） 隐私计算、数据脱敏等安全技术应用指南（拟） 数据流通交易安全风险评估规范（拟）

续表

制度体系		顶层架构制度	数据产权制度	流通交易制度	收益分配制度	安全治理制度
标准规范	地方层面	—	—	（地方）数据开放共享标准（完善）	—	（地方）数据分类分级标准（完善）
	行业层面	—	—	（行业）数据合规流通标准（拟）	数据资产定价标准（拟）	《个人金融信息保护技术规范》（行业）数据分类分级保护要求（完善）
	社会层面	《政务数据管理能力成熟度评估指南》（拟）	《数据产品登记信息描述规范》《数据产品登记业务流程规范》数据采集标准（拟）数据质量评估标准（完善）数据产品系列标准（拟）	《数据经纪人能力成熟度评估模型》数据合规管理体系（完善）数据运营服务机构能力成熟度（拟）	—	—

数据来源：赛迪研究院整理 2023，10

注 1：本表中，名称中含"（拟）"字样的制度，表示根据需要建议新增的制度规范设想，并不代表正式制度规范名称；

注 2：本表中，名称含"（完善）"或（修订完善）字样的制度，表示当前已有或已有部分相关的制度规范，还需要进一步健全完善该类制度规范；

注 3：本表中标注"—"的，表示目前在该领域不需要单独的相关制度或不确定是否需要制定单独的制度规范，需要进一步研究；

注 4：本表不代表正式、完整的数据基础制度体系框架，只是对我国数据基础制度体系的研究性架构设想；

注 5：本表中，名称带有"（地方）"字样的制度，表示为地方类制度文件的统称，不代表某一地方的具体文件。

政策规划是指国家、地方、行业主管部门制定出台的针对数据要素市场培育与发展、数据基础制度建设相关的规划、指导意见、方案、行动计划等政策规范性文件。如《中共中央 国务院关于构建更加完善的要素市场化配置体制机制的意见》《要素市场化配置综合改革试点总体方案》《促进国土资源大数据应用发展实施意见》《公共数据资源开发利用试点方案》《关于促进数据流通交易健康发展的指导意见（拟）》[①]等。

法律法规是指国家、地方制定的与数据治理相关的法律法规等。如《网络安全法》《数据安全法》《个人信息保护法》《数据产权保护法（拟）》《政务数据共享条例（拟）》，以及各地方出台的数据条例等。

管理规则是指国家、地方、行业主管部门以及社会组织（社会团体、行业协会、企业等）制定的与数据要素治理、数据要素市场培育相关的管理办法、规则规定、实施指南等指导性文件。如《公共数据管理办法（拟）》《数据资产评估管理办法（拟）》，以及各地方出台的公共数据授权运营管理办法等。

标准规范是指国家、地方、行业主管部门以及社会组织制定的用于规范指引数据要素市场培育发展的各类国家标准、行业标准、地方标准及团体标准等。

二、新时代数据基础制度建设几点思考

数据基础制度建设，不仅对我国而言是一个新鲜事物，其实对西方主要国家来说，同样也是一个新命题，没有一个成形模式和完整框架可以全盘借鉴。数据基础制度建设是一个漫长的过程，既不能顾盼不前，也不会一蹴而就。因此，应该平衡和结合制度建设现状、制度重要程度、制定难易程度等方面因素，确定我国数据基础制度建设策略，做到统筹兼顾、有的放矢、因地制宜和循序渐进[②]。

[①] 本书中制度文件名称中带"（拟）"字样的，表示结合研究分析，建议新制定的政策规划、法律法规、管理规则、标准规范等各类制度，并不代表正式的制度文件名称，下同。

[②] 曾铮，王磊. 数据要素市场基础性制度：突出问题与构建思路. 宏观经济研究.

（一）稳中求进构建数据基础制度

数据基础制度建设道路上我国已在扬蹄奋进、努力前行。"数据二十条"起草过程中广泛征求了法学家、经济学家、技术专家等各方面意见建议，并通过网络面向社会大众收集意见，把初步形成的共识凝练其中，为我国构建中国特色的数据基础制度迈出关键一步打下坚实基础。但后面还有很多制度细化工作需要不断完善，并在充分实践的基础上推进立法工作。当前阶段，构建数据基础制度需要稳中求进。一方面，政策要稳、导向要明。数据基础制度建设是一项长期性的工程建设，要保证政策的稳定性、连贯性、可持续性，既不能搞限制数据要素价值释放的动力与活力，但也不能冒进，求新求异，避免带来负面影响。另一方面，要不断进取，分步骤、有重点，适应数字经济创新性强、数字产品和服务迭代快的特点，不断发现问题解决问题，勇于探索，持续完善，开拓数据要素赋能实体经济的新局面。

（二）落细落实构建数据基础制度

"数据二十条"是构建数据基础制度的指导性、框架性文件，但还需不断落细落实。有专家对"数据二十条"进行关键词索引统计，文件中有 22 处"依法依规"、16 处"合规"的相关表述，这些都是相关操作实施的前提条件和依据要求，这些表述中的"法""规"都是构建数据基础制度中的重要组成部分，这也是本书试图要解决的问题。另外，"数据二十条"中还有 36 处"制度"、28 处"机制"、10 处"标准"、9 处"规则"等相关表述，这显示了当前我国全面系统构建数据基础制度面临的艰巨任务，需要在制度、机制、标准、规则等方面开展大量落实细化工作，不断丰富和持续完善具有中国特色的数据基础制度体系。

（三）多方协同构建数据基础制度

正如前文提到的，新时代我国数据基础制度建设与完善，需要国家层面、地方层面、行业层面、社会层面等各方主体共同努力。国家层面，充分发挥数字经济发展部际联席会议作用，加强整体统筹，促进跨地区跨部门跨层级协同联动，逐步完善数据产权界定、数据流通和交易、数据要素收益分配、公共数据授权使用、数据交易场所建设、数据治理等主要领域关键环节的政策及标准，推动完善相关法律制度。地方各部门应结合各自工作实际，制定措施，细化任务，抓好落实。社会组织、行业需围绕自身需求，开展数据要素相关技术和产业应用创新，制定行业自律规则、团体标准，积极参与我国数据基础制度建设过程。

（四）试点创新构建数据基础制度

鼓励有条件的地方、行业在制度、技术、模式等方面先行先试，鼓励行业企业不断创新企业内部的数据管理体系。支持北京、浙江等地区和有条件的行业、企业先行先试，持续探索、不断完善数据要素相关的产权、流通交易、收益分配、安全治理等领域的政策标准和体制机制，在实践探索中逐步总结数据制度建设的有效经验，及时归纳总结并形成可复制、可推广的创新模式和优秀做法，通过以点带面，有效推动数据基础制度建设实现新的突破，更好发挥数据要素的积极作用。

后记

本书是中国电子信息产业发展研究院 2023 年度重大软科学研究课题成果之一，是课题组全体研究人员与出版工作人员共同创造的成果和智慧结晶。本书包括前言和六个章节，由中国软件评测中心吴志刚副主任担任项目执行负责人，牵头课题撰写工作；由网络安全研究所闫晓丽副所长、信息化与软件产业研究所高婴劢副所长担任项目协调人，负责课题协调工作。其中，前言由吴志刚撰写；第一章由吴志刚、明承瀚、崔雪峰、王伟玲撰写；第二章由王闯、崔雪峰、张连夺、徐青山撰写；第三章由高婴劢、李书品、王蕤撰写；第四章由张莉、周萌、江燕、王中逸撰写；第五章由闫晓丽、李立雪撰写；第六章由贾映辉、周润松、郭盈、周波撰写。

在本书的研究、撰写过程中得到了中国电子信息产业发展研究院软科学处的大力支持，中国电子信息产业发展研究院刘权副总工程师、北京市经济和信息化局唐建国总经济师、国家信息中心王晓冬处长、中国政法大学李爱君教授、北京师范大学吴沈括教授、清华大学计算社会科学与国家治理实验室傅建平研究员、中国科学院冯海红博士、中国电子信息行业联合会数联委陈晓峰秘书长等多位专家为本书提出了许多宝贵的意见和建议，在此表示衷心的感谢。

本书的出版离不开电子工业出版社的鼎力帮助，在此深表感谢。

2024 年以来围绕数据基础制度建设，国家和地方又相继出台了许多相关政策制度，因时间原因，未能全部纳入本书研究中来，希望广大读者理解。此外，由于水平有限，本研究中的不足在所难免，敬请广大读者包涵和批评指正。